Barbara Kettl-Römer

Wege zum Kunden

Barbara Kettl-Römer

Wege zum Kunden

Akquise für Existenzgründer, Freelancer und Kleinunternehmer

Bibliografische Information Der Deutschen Bibliothek

Die Deutsche Bibliothek verzeichnet diese Publikation in der Deutschen Nationalbibliografie; detaillierte bibliografische Daten sind im Internet über http:// dnb.ddb.de abrufbar.

Herausgeber: Dr. Andreas Lutz
Redaktion: Cornelia Rüping

ISBN: 978-3-7093-0211-8

Es wird darauf verwiesen, dass alle Angaben in diesem Buch trotz sorgfältiger Bearbeitung ohne Gewähr erfolgen und eine Haftung der Autorin oder des Verlags ausgeschlossen ist. Redaktionsschluss war der 28. Juli 2008.

© LINDE VERLAG WIEN Ges.m.b.H., Wien 2008
1210 Wien, Scheydgasse 24, Tel.: +43/1/24 630
www.lindeverlag.at

Umschlag: buero8
Satz: deleatur, Dr. Ing. Karl Giesriegl (www.deleatur.com)
Druck: Hans Jentzsch & Co. GmbH, 1210 Wien, Scheydgasse 31

Inhalt

Vorwort

Die Erkenntnis ist ebenso einfach wie wahr: Wir Unternehmer leben vom Geld unserer Kunden. Wir brauchen Aufträge. Einige davon werden wir mit vorhandenen Kunden abwickeln, aber das allein reicht auf Dauer nicht aus. Für neue Aufträge brauchen wir auch laufend neue Kunden. An die heranzukommen ist aber leider keineswegs so einfach. Doch wo liegt das Problem? Im Kern sind es drei Gründe, warum Existenzgründer, Freiberufler und Kleinunternehmer immer wieder daran scheitern, im Alltag neue Kunden und Aufträge zu gewinnen.

Zum einen ist es vielen Menschen unangenehm, sich selbst und die eigenen Leistungen verkaufen und anpreisen zu müssen. Sie kommen sich dabei vor wie ein lästiger Bittsteller. Entsprechend zögerlich und ungeschickt fallen die Akquise-Versuche aus. Nach den ersten Rückschlägen sind viele Unternehmer entmutigt und versuchen es gar nicht weiter.

Dazu kommt, dass viele Selbständige sich und ihren Kunden nicht hinreichend verdeutlichen, wofür sie eigentlich stehen. Natürlich müssen wir alle hin und wieder einmal einen Auftrag annehmen, der uns nicht wirklich liegt – einfach weil wir ihn brauchen, um unsere Rechnungen bezahlen zu können. Das aber sollte die Ausnahme sein und bleiben. Je eindeutiger Sie herausarbeiten, wer Sie sind, für wen Sie mit Ihrer Leistung nützlich sind und was Sie besser können als andere, desto einleuchtender wird es für Ihre potenziellen Kunden sein, genau Ihnen den Auftrag zu geben. Und desto eher werden Interessierte von sich aus auf Sie zukommen.

Grund drei ist eher technischer Natur: Oft mangelt es am Know-how bezüglich der Akquise-Möglichkeiten und -Techniken. Viele Selbständige wissen einfach nicht recht, wie sie sich an wen wenden sollen und welche

Stolpersteine auf welchem Akquise-Weg liegen. Und es ist mühsam, das alles auf sich gestellt mittels Versuch und Irrtum zu lernen.

Ziel dieses Buches ist es, die drei typischen Akquise-Hemmnisse zu beleuchten, zu beseitigen und den Weg zur erfolgreichen Neukundenakquisition freizuräumen. Sie als Existenzgründer, Freiberufler oder Kleinunternehmer müssen ja nicht alle Erfahrungen selbst machen, sondern können aus den Fehlern anderer lernen. Denn schon viele vor Ihnen haben die Akquise-Barrieren in ihren Köpfen überwunden, sich klar positioniert und ausprobiert, welche Wege zum Kunden führen – und welche in die Irre.

Die dafür nötigen Kenntnisse werde ich Ihnen auf den folgenden Seiten zugänglich machen. Ich verspreche Ihnen keine Erfolgsformeln, kein Geheimwissen, keine Kniffe, mit denen Sie jeden Kunden herumkriegen und Ihre Umsätze in kürzester Zeit vervielfachen. Vielmehr gebe ich Ihnen das theoretische und praktische Handwerkszeug an die Hand, das Sie für die erfolgreiche Akquise brauchen: Checklisten stellen sicher, dass Sie sich gut vorbereiten, Mustergespräche und -formulierungen bieten Orientierungshilfe, Erfahrungsberichte aus der Praxis dienen als Inspiration. Außerdem werden Sie nicht nur lesen, sondern auch selbst schreiben müssen. An manchen Stellen in diesem Buch warten „Hausaufgaben" auf Sie, die Sie erledigen sollten, bevor Sie mit der Akquise loslegen.

Nutzen Sie die angebotenen Möglichkeiten und versetzen Sie sich selbst in die Lage, die für Sie und Ihr Geschäft am besten geeigneten Wege zum Kunden zu finden und auszubauen. Sie werden sehen: Der Aufwand lohnt sich. Zukünftig werden Sie selbstbewusst und professionell neue Kunden akquirieren. Ich bin sicher, dass es Ihnen sogar Spaß machen wird!

Barbara Kettl-Römer

1. Beseitigen Sie die Akquise-Hemmnisse in Ihrem Kopf

Das größte Hindernis bei der Akquise sind nicht etwa die schwierigen Kunden oder die technischen Probleme, sondern die eigenen Hemmungen. „Sich selbst zu verkaufen" ist vielen Selbständigen unangenehm. Warum es das nicht zu sein braucht und wie Sie innere Barrieren umgehen oder abbauen können, lesen Sie im ersten Kapitel.

„Ich liebe meinen Job wirklich. Ich berate einfach gern, ich rede gern mit Menschen, ich finde es toll, im Leben meiner Kunden eine Veränderung bewirken zu können. Trotzdem überlege ich, mir wieder eine Festanstellung zu suchen. Das Schlimme an der Selbständigkeit ist nämlich für mich die Akquise. Die macht mich wirklich fertig." So und ähnlich klagen viele Selbständige und Freiberufler. Auch wenn sie wirklich gut sind. Und eine solide Ausbildung, viel Fachwissen und Erfahrung sowie eine positive Ausstrahlung vorzuweisen haben. Wie schade, wenn nur einer von ihnen wegen seiner Akquise-Probleme aufgeben würde. Während der Recherchen zu diesem Buch haben mir viele Selbständige von Problemen bei der Kundengewinnung erzählt. Bei manchen war es ein Anfangsproblem, für das sie im Lauf der Zeit Lösungen entwickelt haben. Für andere bedeutet Akquise nach wie vor eine Last. In einigen Fällen ist daran sogar die Existenzgründung gescheitert. Es gibt aber auch viele Selbständige, die das Gewinnen von Kunden als eine spannende und kreative Aufgabe betrachten, die ihnen Spaß macht. Nach der Lektüre dieses Buches werden Sie hoffentlich zur letzten Gruppe gehören.

Warum ist Akquise für viele Selbständige eigentlich so unangenehm?

Wenn es darum geht, neue Kunden zu gewinnen, scheint teilweise ein kulturelles Problem vorzuliegen. Eines, das tief in unserer Erziehung und Weltanschauung verwurzelt ist. Sich dessen bewusst zu werden ist der erste Schritt dazu, es zu lösen.

„Sei wie das Veilchen im Moose ..."

Viele, vor allem die Frauen unter Ihnen, erinnern sich sicher an diese Weisheit: „Sittsam, bescheiden und rein" sollten wir sein – und „nicht wie die stolze Rose, die immer bewundert will sein". Bis weit in die 1970er Jahre hinein war klar: Brave Mädchen halten sich still im Hintergrund und versuchen keinesfalls aktiv, Aufmerksamkeit auf sich und ihre Leistungen zu ziehen. Auch die Jungen hatten zu lernen, dass es ungezogen ist, laut zu sein, sich vorzudrängen und im Mittelpunkt stehen zu wollen. Wobei ihnen freilich mehr Spielraum zugestanden wurde als den Mädchen. Heutzutage lehnen wir derartige geschlechtsspezifische Kategorisierungen natürlich ab, und unsere Kinder erziehen wir sowieso anders. Trotzdem steckt da noch etwas in uns: Wir wollen uns nicht vor- und schon gar nicht aufdrängen. Es ist doch peinlich, sich selbst zu loben und anzupreisen, sich gar selbst zu „verkaufen". Am Ende fallen wir anderen lästig und wirken ein bisschen lächerlich. Und wer will das schon?

Davor brauchen Sie aber keine Angst zu haben, denn selbstbewusst für sich zu werben ist immer noch etwas anderes, als sich selbstverliebt zu beweihräuchern. Schließlich geht es darum, potenzielle Kunden professionell und seriös auf sich aufmerksam zu machen. Erinnern Sie sich? Die Stillen, Schüchternen, Bescheidenen waren in Wirklichkeit keineswegs die beliebtesten Mitschüler. Das waren die Fröhlichen, Freundlichen, Aktiven, die mit Leib und Seele bei der Sache waren. Die, mit denen man reden und Spaß haben konnte. Wenn Sie als Selbständiger also Ihre Leistung und damit immer auch etwas von sich selbst verkaufen, ist das ganz sicher nicht unanständig, sondern ehrlich und authentisch. Sie stehen ja mit Ihrem Namen und mit Ihrer Person für Ihre Leistung ein. Wie Sie Ihr Angebot klar herausarbeiten und eindeutig kommunizieren, erfahren Sie im Kapitel „2. So schärfen Sie Ihr Profil".

„Ich will doch nicht sein wie ..."

Jeder von uns hat irgendwann einmal Erfahrungen mit lästigen Verkäufern gemacht. Mit den Call-Center-Agenten, die uns – verbotenerweise! – zu Hause anrufen und uns Lotterielose, Abonnements, Clubmitgliedschaften, Weine oder Unterwäsche verkaufen wollen. Sie wird man oft erst dann los, wenn man richtig unfreundlich wird oder einfach den Hörer auflegt. So manches Mal trifft man auch auf Verkäufer in Einzelhandelsgeschäften, die ihren Kunden unbedingt einen Ladenhüter andrehen wollen, weil sie dafür eine satte Provision bekommen. Oder auf Bankmitarbeiter, die unter solchem Verkaufsdruck stehen, dass sie wöchentlich einen neuen Fonds anpreisen (müssen). So wollen Sie bestimmt nicht auftreten, oder?

Gut so. Lästige Verkäufer sind nämlich schlechte Verkäufer. Es kostet sehr viel Zeit und Geld, über einen derart starken Verkaufsdruck Neukunden zu gewinnen. Dieser Weg führt nur selten zu langjährigen, vertrauensvollen Kundenbeziehungen. Zudem macht die Akquise so absolut keinen Spaß. Machen Sie sich bewusst, dass Sie potenzielle Kunden nicht überreden müssen, bei Ihnen zu kaufen beziehungsweise Sie zu beauftragen. Wenn Sie die richtigen Menschen ansprechen, werden diese schnell selbst sehen, dass sie Sie und Ihre Leistungen oder Produkte brauchen. Wie Sie herausfinden, wer die richtigen Kunden für Sie sind, erfahren Sie im Kapitel „3. Wer sind Ihre Kunden und was wollen sie?".

„Absagen belasten mich."

Weil wir als Selbständige unsere persönliche Leistung verkaufen, geht uns eine Ablehnung leicht nahe. Wenn ein potenzieller Kunde nicht gleich oder gar nicht antwortet, wirkt das damit ausgedrückte Desinteresse schnell verletzend. Ein „Nein" empfinden viele als persönliche Zurückweisung. Kein Wunder, dass sich so mancher derartige Erfahrungen von vornherein ersparen will.

Doch Sie können einiges dafür tun, dass sich Ihre Erfolgsaussichten verbessern. Bereiten Sie die Akquise gut vor und wenden Sie sich nur an Personen, von denen Sie wissen, dass sie Ihre Leistung ziemlich wahrscheinlich brauchen können. Gehen Sie zudem handwerklich sauber vor. Wie Sie Ihr Angebot professionell und zielführend an den Kunden bringen, ist in den Kapiteln 4 bis 8 beschrieben. Indem Sie das richtige Handwerkszeug anwenden, verringern Sie die Wahrscheinlichkeit, dass Ihr Angebot zurückgewiesen wird.

Dennoch heißt Akquirieren immer auch, die Möglichkeit des Scheiterns einzukalkulieren. Es kann jederzeit vorkommen, dass ein potenzieller Kunde sich desinteressiert zeigt oder mit einem klaren „Nein" auf Ihr Angebot reagiert. Vielleicht hat er gerade zu viel um die Ohren, als dass er sich mit Ihrem Angebot beschäftigen könnte. Vielleicht hat er auch gerade kein Geld. Unter Umständen ist ihm noch gar nicht aufgefallen, dass er Ihre Leistung braucht. Oder er will das nicht merken, weil das nicht zu seinem Selbstbild passt. Eventuell hat er schon schlechte Erfahrungen mit ähnlichen Angeboten gemacht oder gerade einen ähnlichen Auftrag vergeben. Diese Liste ließe sich fortsetzen. Es gibt immer Gründe, warum ein Geschäft trotz guter Vorbereitung scheitern kann. Und für die meisten dieser Gründe können Sie persönlich gar nichts. Es geht nicht um Zuneigung oder Zurückweisung. Sie bieten etwas an. Ihr Kunde will es haben – oder eben nicht. Das gehört einfach zum Geschäft.

„Meine Leistung spricht für sich selbst."

Auch diese Fehleinschätzung wird durch ihre weite Verbreitung nicht richtiger. Egal, wie gut Sie sind und was Sie können: Ihre Leistung spricht nicht. Nur Menschen sprechen. Entweder Sie reden über sich und Ihre Leistung.

Oder andere tun es. Oder beides. Aber ohne Kommunikation bleibt selbst eine sensationelle Leistung unbemerkt. Gerade am Anfang Ihrer Selbständigkeit müssen Sie darüber sprechen, was Sie tun, damit überhaupt eine Chance besteht, dass andere auf Sie und Ihr Angebot aufmerksam werden. Sobald Sie mit den richtigen Menschen reden – denen, die Ihre Leistung tatsächlich brauchen können, oder solchen, die als sogenannte Multiplikatoren dienen und anderen von Ihrem Angebot berichten –, betreiben Sie bereits Akquise.

Das Schöne ist: Wenn Sie die richtigen Kunden finden und für sie gute Leistungen erbringen, werden diese Ihnen früher oder später einen Teil der Akquise abnehmen; zufriedene oder gar begeisterte Kunden werden mit (Geschäfts-)Freunden und Kollegen über Sie sprechen und Sie weiterempfehlen. So entwickelt die Kundengewinnung eine Eigendynamik, von der Sie dauerhaft profitieren. Wie Sie dazu beitragen können, dass diese Empfehlungsspirale in Gang kommt, erfahren Sie im Kapitel „8. Setzen Sie auch auf Networking und Empfehlungen".

Prüfen Sie Ihre Einstellung

Die bisherigen Ausführungen zeigen deutlich, woran die Neukundengewinnung in der Praxis immer wieder scheitert: Weder die bösen Konkurrenten noch die schwierigen Kunden sind schuld. Sie selbst sind das Hemmnis, wenn Sie gegen Ihre Überzeugung und Ihre Persönlichkeit ankämpfen und die Kundengewinnung mit erheblichem innerem Widerstand betreiben.

Dabei ist das völlig unnötig. Sie können sich das praktische Handwerkszeug für die professionelle Akquise genauso leicht aneignen wie jedes andere fachlich-technische Wissen. Die erforderlichen Kenntnisse vermitteln Ihnen die übrigen Kapitel dieses Buches. Überprüfen Sie aber zunächst, wie Ihre Einstellung zur Kundengewinnung tatsächlich aussieht. Machen Sie sich noch einmal klar, was Akquise *nicht* ist:

- Akquise heißt nicht, aufdringlich oder lästig zu sein.

- Akquirieren bedeutet nicht, andere zu überreden oder ihnen etwas gegen ihren Willen aufzuschwatzen.

- Um erfolgreich bei der Akquise zu sein, brauchen Sie weder sich selbst noch Ihre Seele zu verkaufen.

Akquirieren und Verkaufen sind ohnehin zweierlei. Akquise ist dem eigentlichen Verkauf vorgelagert. Zunächst müssen Sie Kunden finden und eine Beziehung zu ihnen anbahnen. Dann erst geht es ans eigentliche Verkaufen. Doch was ist Akquise denn nun?

- Akquirieren bedeutet, Kunden über persönliche Ansprache zu werben und zu gewinnen.

- Akquise bedeutet, selbstbewusst und ehrlich für die eigenen Leistungen einzustehen und sie aktiv anzubieten.

- Bei der Akquise geht es darum, den Kunden und seine Bedürfnisse wahrzunehmen und zu überlegen, inwieweit Sie Nutzen für ihn schaffen können. Zudem steht im Mittelpunkt, eine Beziehung zu ihm aufzubauen und diese zu pflegen.

Dem „Sell-and-run"-Verkäufer geht es darum, schnell möglichst viele Abschlüsse zu tätigen. Wenn Sie selbständig arbeiten, nützt Ihnen dies nichts. Sie wollen ja auch nächstes Jahr und in zehn Jahren noch gute Geschäfte machen und sind deswegen nicht an Abschlüssen um jeden Preis interessiert, sondern an nachhaltiger Akquise. Ihnen geht es nicht darum, Kunden einmalig abzuzocken, sondern Sie wollen sie dauerhaft für sich gewinnen. Mit dieser Einstellung fällt das Akquirieren um einiges leichter. Sie sind kein Bittsteller und kein Mitglied einer Drückerkolonne, sondern jemand, der anderen Menschen etwas Nützliches zu bieten hat. Und damit wollen und können Sie für Ihre Kunden ein ebenbürtiger und geschätzter Partner sein.

Führen Sie sich an dieser Stelle auch noch einmal vor Augen, dass Akquise und klassische Werbung zwei Paar Schuhe sind. Der Unterschied besteht darin, dass Werbung unpersönlich ist. Wenn Sie Anzeigen schalten, Plakate einsetzen oder einen Spot im Kino laufen lassen, können Sie nur sehr grob festlegen, welche Personen Ihre Werbebotschaft zu sehen bekommen. Sie müssen einfach hoffen, dass unter den Nutzern des jeweiligen Mediums genügend potenzielle Kunden sind. Wer sich von Ihrer Botschaft angesprochen fühlt, kommt auf Sie zu. Bei der Akquise ist es hingegen so: Sie bestimmen, wen genau Sie ansprechen wollen, und gehen gezielt auf diese Menschen zu. Dadurch haben Sie kaum Streuverluste, eine deutlich bessere Erfolgsquote, und letztendlich entstehen auch wesentlich niedrigere Kosten als bei anonymer Werbung.

Die gute Nachricht: Akquirieren ist erlernbar

Vielleicht hilft es Ihnen zu wissen, dass auch andere mit der Akquise zu kämpfen hatten und trotzdem ihren Weg zum Kunden gefunden haben.

Christa Fellner lebt in München und betreibt seit 2003 OriKom, das Büro für originelle Kommunikation. Sie hat sich auf die Entwicklung von Logos und die Beratung von Solo-Unternehmen, die ihr Profil deutlicher herausarbeiten und kommunizieren wollen, spezialisiert.

Sie haben Ihr Unternehmen vor fünf Jahren aus der Arbeitslosigkeit heraus gegründet. Wie waren Ihre ersten Akquise-Erfahrungen?
Anstrengend. Am Anfang hat mich das Thema Akquise wahnsinnig gestresst, weil ich das Gefühl hatte, ich müsste mich anbieten wie sauer Bier. Das war sehr schwer.

Was haben Sie dann gemacht?
Zuerst habe ich mir selbst ein Corporate Design und eine entsprechende Geschäftsausstattung vom Feinsten gemacht: Visitenkarten, Briefpapier, Akquise-Mappe, Website usw. Dann habe ich mehrere Seminare für Existenzgründer besucht und diese auch dafür genutzt, mich mit anderen Gründern auszutauschen. Es hat mir sehr geholfen festzustellen, dass andere mit ähnlichen Problemen zu kämpfen hatten wie ich.

Existenzgründer gehören ja ohnehin zu Ihrer Zielgruppe …
Ja, natürlich. Ich bin auf viele Veranstaltungen, Business-Breakfasts, Unternehmerinnen-Stammtische, Visitenkartenpartys und Ähnliches gegangen. Das hatte zwei Effekte: Zum einen traf ich ab einem gewissen Zeitpunkt immer mehr Menschen, die ich schon von anderen Veranstaltungen her kannte. Das heißt, auch ich wurde bekannter. Zum anderen lernte ich, immer offener auf Menschen zuzugehen und über das zu sprechen, was ich beruflich mache. Daraus haben sich viele interessante Kontakte und letztlich auch Aufträge ergeben. Später habe ich selbst Vorträge bei solchen Veranstaltungen gehalten und Workshops gegeben. Das erwies sich als äußerst erfolgreiches Akquise-Instrument.

Es hört sich aber nicht so an, als ob man auf diese Art schnell viele Kunden gewinnen könnte.

Na ja, einen langen Atem braucht man schon. Am Anfang habe ich oft gedacht: „Ich mache so viel, und dabei kommt kaum etwas heraus." Das stimmte aber so nicht. Manchmal dauert es eben zwei bis drei Jahre, bis aus einem Erstkontakt ein Kunde wird. Im Lauf der Zeit bekommt die Sache auch eine gewisse Eigendynamik: Zufriedene Kunden empfehlen mich weiter, andere geben mir Folgeaufträge, weitere Anfragen kommen über Partnerunternehmen, mit denen ich inzwischen verlinkt bin, oder nach Berichten, die über mich in der Presse veröffentlicht werden. Für mich hat das Thema Akquise seine Schwere längst verloren.

Was raten Sie Selbständigen, die im Direktkontakt akquirieren wollen?

Sie sollten die Sache nicht zu verkrampft angehen. Natürlich gehen wir alle aus geschäftlichem Interesse auf Veranstaltungen. Aber am besten verhält man sich wie auf einer Privatparty, bei der man niemanden kennt. Mein Tipp: Suchen Sie sich jemanden aus, der Ihnen sympathisch ist, und fangen Sie ein lockeres Gespräch an. Schauen Sie nicht auf Status und Funktionen, sondern auf den Menschen. Versuchen Sie nicht, andere zu beeindrucken, sondern erklären Sie wie im Bekanntenkreis ganz ungezwungen, was Sie beruflich machen. Jemand, mit dem Sie sich wirklich gut unterhalten, kann auch ein guter Kunde werden. Wenn nicht, hatten Sie immerhin einen netten Abend.

Christa Fellners Erfahrung zeigt, was Sie tun können, um Ihre inneren Akquise-Barrieren zu überwinden.

Setzen Sie sich selbst nicht zu sehr unter Druck

Ja, Akquise ist ein Muss für Sie, weil kein Unternehmen und kein Selbständiger ohne Kunden auskommen kann. Trotzdem hängt Ihre Existenz nicht an einem einzelnen Auftrag. Mal ehrlich: Was ist denn das Schlimmste, das passieren kann, wenn ein Akquise-Versuch fehlschlägt? Sie bekommen einen Auftrag dann eben nicht. Falls Sie sich sehr ungeschickt angestellt haben, hat der oder die Umworbene vielleicht keine besonders hohe Meinung von Ihren Fähigkeiten und wird Sie auch in Zukunft nicht beauftragen. Das ist schade, denn damit ist Ihnen eine Chance entgangen. Aber es handelt sich nicht um ein existenzielles Scheitern. Es gibt noch andere Kunden, und Sie können Ihr Vorgehen überdenken und sich beim nächsten Mal anders verhalten. Machen Sie sich auch nicht verrückt, wenn Sie dann ein wenig aufgeregt sind. Selbst wer viel Erfahrung hat, weiß, dass ein gewisses Herzklopfen vor dem Anruf oder Gespräch beim potenziellen Kunden ganz normal ist. Es kann sogar ganz nützlich sein: Mit etwas mehr Adrenalin im Blut sind wir wacher und konzentrierter. Also: Atmen Sie durch und probieren Sie es wieder.

Lernen Sie aus Fehlern

Wenn Sie merken, dass Ihre Akquise-Bestrebungen nicht so erfolgreich sind, wie Sie das gerne möchten, nehmen Sie sich Zeit für eine Analyse. Die folgende Übung hilft Ihnen dabei.

Übung

Wie sind Sie bisher bei der Akquise vorgegangen?

Reservieren Sie sich eine ruhige halbe Stunde und nehmen Sie Ihre bisherigen Akquise-Aktivitäten genauer in Augenschein.

- An wen haben Sie sich gewandt?
- Welche Leistung haben Sie konkret angeboten?
- Auf welchem Weg (mündlich, schriftlich, telefonisch …)?
- Mit welchen Formulierungen/welchem Nutzenversprechen?
- Wie war die Reaktion?
- Wie haben Sie sich bei Ihren Akquise-Versuchen gefühlt? Was fiel Ihnen leicht, was war schwer für Sie?

Beschäftigen Sie sich nun mit den folgenden Fragen:

- Zeichnet sich ein Muster ab?
- Haben sich bestimmte Vorgehensweisen bisher als erfolgreicher erwiesen als andere?
- Funktionieren manche Maßnahmen bei bestimmten Zielgruppen besser als andere?
- Sind Ihnen manche Aktivitäten einfach leichter gefallen als andere?
- Gab es welche, die überhaupt nicht funktioniert haben?

Fehlschläge können durchaus hilfreich sein – wenn Sie sich die Zeit nehmen, daraus zu lernen. Entwickeln Sie die Vorgehensweisen, die erfolgreich sind, weiter. Was nicht funktioniert, streichen Sie aus Ihrem Akquise-Repertoire. Allerdings sollten Sie keinen Weg zum Kunden voreilig verwerfen. „Ich mag das halt nicht" reicht als Begründung nicht aus. „Auch bei bester Vorbereitung führt dieser Weg nicht so gut zum Ziel wie die anderen" schon.

Üben Sie, über sich zu reden

Wenn Ihre Cousine oder Ihr Nachbar Sie fragt: „Sag mal, was genau machst du jetzt beruflich?", dann geben Sie eine kurze, einfache Erklärung. Eigentlich ist es erstaunlich, dass Ihnen diese simple Frage Kopfschmerzen bereitet, sobald sie nicht vom Nachbarn, sondern von einem potenziellen Geschäftspartner kommt. Wenn Sie merken, dass es Ihnen schwerfällt, sich und Ihre Tätigkeit locker vorzustellen, sollten Sie diese Art der Präsentation nicht vermeiden, sondern üben. Am besten nutzen Sie zunächst Situationen, in denen nicht gleich ein Riesenauftrag von Ihrer Performance abhängt: bei einem Existenzgründer-Seminar, einem Business-Breakfast oder einer Visitenkartenparty. Legen Sie sich zwei bis drei Sätze zurecht, mit denen Sie sich vorstellen können. Picken Sie sich aus der Menge jemanden heraus, der Ihnen sympathisch ist, und beginnen Sie ein Gespräch. Sie werden keine Schwierigkeiten haben, Ihr Sprüchlein unterzubringen, denn die Frage nach Ihrer Tätigkeit wird früher oder später ganz automatisch gestellt, wenn es nicht ohnehin eine Vorstellungsrunde gibt, bei der Sie Ihren Auftritt üben können.

Ich selbst stelle mich zum Beispiel häufig so oder ähnlich vor: „Mein Name ist Barbara Kettl-Römer. Ich arbeite als Autorin, Journalistin und Dozentin mit Schwerpunkt Wirtschaftsthemen. Meine Spezialität ist es, komplexe Sachverhalte einfach, anschaulich und mit viel Nutzwert für den Leser darzustellen. Ich bin sozusagen die ‚Frau fürs Praktische' unter den Schreiberlingen. Und was machen Sie?"

Eine Kurzvorstellung dieser Art wird in der amerikanischen Marketing-Sprache „Elevator Pitch" (wörtlich: „Fahrstuhl-Präsentation") genannt. Dahinter steckt die Vorstellung einer sehr kurzen Begegnung: Sie fahren mit einer anderen Person gemeinsam im Aufzug und haben genau die Dauer der Fahrt Zeit, auf die Frage „Und was machen Sie beruflich?" zu antworten. Je konkreter und bildhafter Sie das tun, umso größer ist die Chance, dass Ihr Gegenüber sich für Ihre Leistung interessiert und sich später an Sie erinnert.

Sie werden schnell merken, dass mit der Übung die Sicherheit wächst. Bald können Sie solche Gespräche genießen und zu einem echten Austausch mit Ihrem Gegenüber gelangen. Auf diese Weise werden Sie eine Menge interessanter Leute kennenlernen. Vielleicht erinnert sich Ihr Gesprächspartner nach Jahren an Sie und kommt auf Sie zu. Oder er kennt jemanden aus Ihrer Zielgruppe, dem er von dem netten Gespräch mit Ihnen erzählt. Oder Sie konnten einfach nur eine angenehme Plauderei genießen. In keinem Fall haben Sie Zeit vergeudet.

Bleiben Sie hartnäckig

„Tolles Angebot. Kaufe ich." Es wäre schön, wenn jeder Kunde auf unsere Akquise hin sofort derartig reagieren würde. In der Praxis passiert das leider eher selten. Kunden haben viel um die Ohren, werden mit Werbebotschaften und Leistungsangeboten überschüttet, finden Ihre Unterlagen nicht mehr oder vergessen schlichtweg zu antworten. In aller Regel werden Sie deshalb nach einem ersten Akquise-Versuch nachhaken müssen. Zum Werbebrief zum Beispiel gehört das telefonische Nachfassen, zum Anruf die Übersendung des gewünschten Materials. Nach einem persönlichen Gespräch sollten Sie sich mit einer E-Mail oder einem Anruf in Erinnerung bringen.

Fassen Sie am besten binnen zwei Wochen nach dem Erstkontakt nach, denn dann besteht die Aussicht, dass sich der Umworbene an Sie erinnert. Wenn Sie dabei kein klares „Nein", aber auch kein „Ja" zu hören bekommen, sollten Sie sich wieder melden. Nicht jede Woche, Sie wollen ja nicht aufdringlich sein. Aber vielleicht nach ein paar Wochen. Am besten ist es, wenn Sie dann mit einem aktuellen Aufhänger aufwarten können: „Gerade habe ich gesehen/gehört/gelesen … und da habe ich an Sie gedacht!" Denken Sie daran: Sie wollen eine Beziehung zu einem (potenziellen) Kunden herstellen. Das geht nur, wenn Sie immer wieder mal voneinander hören und sich austauschen.

Kundengewinnung: Daueraufgabe für Unternehmer

Viele Existenzgründer starten mit einem oder zwei Kunden und hoffen, dass von diesen erst einmal genug Aufträge kommen. Irgendwie, so hoffen sie, kommen dann schon neue Auftraggeber. Erst wenn sich erkennbar nichts tut – und ganz von selbst kommen die Kunden am Anfang einfach nicht –, werden diese Jungunternehmer nach und nach in Sachen Akquise aktiv. Auch wenn es paradox klingt: Oft ist es daher besser, ohne Kunden zu beginnen. Denn dann ist von Anfang an offensichtlich, dass es ohne Kundengewinnung nicht geht. Je gezielter, systematischer und ausdauernder Sie vorgehen, desto besser. Am besten planen Sie einen festen Akquise-Aufwand an bestimmten Wochentagen ein. So verringert sich die Gefahr der „Aufschieberitis".

So hat es beispielsweise auch Ruth Schneider gemacht. Sie ist seit Mitte 2003 mit einer Marketing-Beratung für Handwerker selbständig. Kunden hatte sie zum Startzeitpunkt noch keine. Sie ging so vor: „Bei mir waren Dienstag und Donnerstag feste Akquise-Tage. Im ersten Jahr habe ich Anzeigen von Handwerksbetrieben aus der Regionalzeitung gesammelt. Jeweils dienstags habe ich Briefe an die inserierenden Betriebe geschickt, am Donnerstag der darauffolgenden Woche telefonierte ich nach. Der Erfolg hat mich selbst überrascht: Nach ein paar Monaten hatte ich auf einmal 40 Interessenten und kam kaum noch mit den Terminen hinterher. Im zweiten Jahr habe ich wöchentlich nur noch zwei bis drei Briefe verschickt."

Inzwischen verschickt Ruth Schneider keine Mailings mehr, sondern nutzt andere Kommunikationswege. Heute finden ihre Kunden vor allem übers Internet und über Empfehlungen zu ihr. Grundstein ihres Erfolgs war aber die disziplinierte Akquise in den ersten beiden Jahren.

Kalkulieren Sie Auftragsschwankungen ein

Eines der typischen Phänomene der Selbständigkeit ist, dass sich der Arbeitsanfall eher selten im Voraus absehen lässt. Auch wenn Sie einen durchdachten und fundierten Businessplan erstellt haben, um eine Gründungsförderung oder einen Kredit zu erhalten, werden sich in der Realität Auftragseingänge und Umsätze völlig anders darstellen. Mal kommen viele Aufträge herein, mal wenige, mal ein großer, der viel Kapazität bindet, mal ein paar kleine, von denen sich einige dann doch zu großen entwickeln. Und so pendeln wir oft zwischen zwei Extremen hin und her, zwischen den Fragen: „Woher soll ich nur neue Aufträge bekommen?" und „Wie soll ich nur all diese Aufträge abarbeiten?". Gewöhnen Sie sich daran, diese Schwankungen gehören zum Leben als Selbständiger.

Zeiten ohne Aufträge wird es immer wieder einmal geben. Weil Sie ja schon wissen, dass das so ist, kalkulieren Sie diese Phasen unbedingt ein und akquirieren Sie „auf Vorrat". Denn falls Sie erst dann hektisch mit der Akquise anfangen, wenn Sie bereits im Auftragsloch sitzen, wird es schwierig. Nicht nur, dass Sie dann eher verkrampft an die Sache herangehen und sich dadurch Ihre Chancen verschlechtern. Es wird auch eine ganze Weile dauern, bis Ihre Bemühungen zum Erfolg, sprich zu konkreten Aufträgen führen. Und diese Zeit müssen Sie nervlich wie finanziell erst einmal überstehen. Das bedeutet: Akquirieren Sie also laufend weiter, selbst wenn Ihre Auftragslage schon zufriedenstellend ist. Wenn es nach der intensiven Anfangsphase gut läuft, können Sie die Kundengewinnungsaktivitäten ein wenig herunterfahren. Ganz einstellen sollten Sie sie aber nie. So bleiben Sie zum einen in Übung und versorgen sich zum anderen mit einem Auftragspuffer, den Sie gut brauchen können, falls überraschend ein Kunde ausfällt, ein geplantes Projekt nicht zustande kommt oder ein Auftrag sich als nicht durchführbar erweist.

Manchmal läuft das sogar so gut, dass Sie vor einem Problem ganz anderer Art stehen: Sie sind voll ausgelastet, da kommt der Auftrag eines neuen Kunden herein. Das ist zugegebenermaßen ein Luxusproblem. Trotzdem sollten Sie nicht vorschnell „Tut mir leid, aber ich kann Ihren Auftrag derzeit nicht annehmen" sagen. Kein Selbständiger kann es sich leisten, potenziell attraktive Kunden zu verprellen. Daher mein Rat: Lehnen Sie nie den Auftrag eines Neukunden ab, es sei denn, Sie sind ganz sicher, dass der Auftrag und der Kunde definitiv nicht zu Ihnen passen. Versuchen Sie lieber, den Auftrag zeitlich zu verschieben, ihn über Mehrarbeit doch noch unterzubringen oder einen selbständigen Kollegen ins Boot zu holen.

Betrachten Sie die Welt durch die Akquise-Brille

„Ich habe mir 20 potenzielle Interessenten herausgesucht. Die rufe ich jetzt gleich an." Das ist eine klare Ansage, und es ist prima, wenn Sie diese 20 Adressen abtelefonieren. Mindestens genauso wichtig ist es aber, die Akquise-Gelegenheiten wahrzunehmen, die sich Tag für Tag ganz von selbst bieten. Die sollten Sie ebenfalls konsequent nutzen.

Hierzu ein paar Beispiele: Sie telefonieren mit einem Bekannten, der Ihnen erzählt, dass er jemanden kennt, für den Ihre Leistung genau richtig wäre. Sie stoßen im Internet auf Portale, Diskussionsforen oder Blogs, die sich mit Ihrem Themengebiet beschäftigen und Ihre Zielgruppe ansprechen. Sie lesen einen Zeitungsartikel über jemanden und denken sich: „Den hätte ich gern als Kunden, der braucht jemanden wie mich." Sie treffen einen Kollegen, der ein interessantes Projekt in Aussicht hat, das für ihn allein zu groß oder zu komplex ist … Erweitern Sie Ihren Blickwinkel und schärfen Sie Ihre Aufmerksamkeit für derartige Akquise-Ansatzpunkte. Haken Sie dort ein, wo Ihnen ein Bedarf nach Ihrem Angebot auffällt. Akquise ist eine Daueraufgabe. Und zwar eine, die Sie ganz leicht und spielerisch angehen können.

2. So schärfen Sie Ihr Profil

Im zweiten Kapitel stehen drei wichtige Fragen im Vordergrund: Wofür, für welche Leistungen und Produkte, wollen Sie eigentlich Kunden gewinnen? Wer sollen Ihre Kunden sein? Und warum sollten diese potenziellen Kunden gerade Sie beauftragen? Nur wenn Sie hierauf eindeutige Antworten haben und Sie diese überzeugend vermitteln, können Sie Ihren Platz am Markt finden und halten.

Viele Gründer starten mit einer Idee nach dem Motto: „Ich habe Erfahrung im Personalbereich, also mache ich eine Personalberatung auf." Oder: „Ich bin gelernter Koch und möchte gern Kochkurse geben." Das sind vielversprechende Ausgangspunkte. Aber Personalberater gibt es viele, Kochkurse vermutlich noch mehr. Wer soll denn bei Ihnen kochen lernen? Hausfrauen? Jugendliche? Männer? Singles? Alle? Und was? Gutbürgerliche deutsche Küche? Italienisch? Asiatisch? Mit Ihrer Positionierung beantworten Sie – zunächst für sich selbst – folgende Fragen:

- Welche konkreten Leistungen möchte ich für welche konkrete Zielgruppe anbieten?

- Für wen kann ich mit meiner Arbeit welchen Nutzen schaffen?

Positionieren Sie sich

In jedem Marketing-Lehrbuch können Sie nachlesen, dass Sie bei der Positionierung idealerweise vom Markt ausgehen sollten. Das bedeutet zu prüfen, welche Bedürfnisse am Markt noch unerfüllt beziehungsweise nicht ideal erfüllt sind, um diese Lücke dann mit Ihrem Angebot zu schließen. Für Sie als Selbständiger, der seine eigene Leistung und Arbeitskraft anbietet, ist diese Vorgehensweise allerdings ungeeignet. Schließlich können Sie anders als Großunternehmen Ihre Leistung nicht beliebig gestalten. Ein Unternehmensriese wie Mannesmann kann vom Anlagenbauer zum Mobilfunkunternehmen werden, wenn Mobilfunk mehr gefragt ist. Aber was hilft es Ihnen als Kommunikationsberater, wenn Sie herausfinden, dass Arabisch-Experten dringend gebraucht werden, Sie aber kein Wort Arabisch sprechen?

In der Praxis werden Sie Ihre Positionierung in drei aufeinander folgenden Schritten erarbeiten:

- Als Erstes machen Sie eine Bestandsaufnahme Ihrer Fähigkeiten und Kenntnisse.

- Als Zweites überlegen Sie, was davon etwas Besonderes, Einzigartiges, Gefragtes ist oder sein könnte beziehungsweise was Sie schlicht besser können als viele andere.

- In einem dritten Schritt prüfen Sie, ob und wie Sie diese Besonderheit am Markt unterbringen können.

Natürlich kann sich herausstellen, dass beispielsweise bestimmte zusätzliche Kenntnisse, Fähigkeiten, Geräte oder Materialien notwendig sind, damit Ihr Angebot tatsächlich etwas Besonderes wird. Diese können Sie sich entsprechend aneignen oder zulegen. Wenn Sie aber eine riesige Menge an neuem Fachwissen brauchen, langjährige Ausbildungen oder Zertifizierungen benötigen oder Unsummen für technische Ausstattung aufbringen müssten, um die identifizierte Marktlücke zu schließen, sollten Sie noch einmal darüber nachdenken, ob das wirklich sinnvoll und notwendig ist. Oft liegt ein interessanter Markt ganz nahe. Häufig ist es auch so, dass zukünftige Unternehmer schon über das nötige Know-how verfügen, sie müssen es nur aus der Gesamtheit ihres Könnens herausheben. Daher sollten Sie zunächst für sich selbst klären, was Sie am liebsten und besten tun und wie Sie sich von Ihren Wettbewerbern abheben möchten.

Übung

Machen Sie eine Bestandsaufnahme

Beantworten Sie die folgenden Fragen am besten schriftlich. Nehmen Sie sich dazu Zeit und seien Sie sich selbst gegenüber ehrlich.

- Was kann ich?
- Was kann ich besser als andere? Inwiefern?
- Was mache ich wirklich gern?
- Was ist mir dabei wichtig?
- Welchen Nutzen kann ich meinen Kunden bieten?

Oft fehlt den Antworten auf die Frage „Was kann ich?" beim ersten Versuch die Durchschlagskraft. Vielen Menschen fällt es schwer, sich selbst einzuschätzen. Meist lassen wir Fähigkeiten und Kenntnisse außer Acht, die wir nicht mit einem Zeugnis oder Zertifikat belegen können. Graben Sie tiefer: Welche Jobs haben Sie schon gemacht? Was haben Sie dabei gelernt? Welche Eigenschaften zeichnen Sie aus? Welche Leidenschaften pflegen Sie? Welche Hobbys? Welche Rollen und Aufgaben übernehmen Sie in der Familie, im Freundeskreis oder im Verein? Worauf kommt es Ihnen dabei an? Und worauf sind Sie stolz? In welchen Themengebieten haben Sie mehr Fachwissen als andere? Sie müssen ja nicht die Person mit dem größten Fachwissen weltweit sein, sondern einfach jemand, der auf einem bestimmten Gebiet mehr weiß als viele andere. Mit der Beantwortung dieser Fragen wird sich nach und nach Ihr individuelles, unverwechselbares Profil abzeichnen.

Achten Sie besonders auf Überschneidungen bei den Antworten auf die Fragen danach, was Sie gut können und was Sie gern tun. Viele Menschen neigen dazu, vorwiegend auf das zu setzen, was sie besonders gut können, schon weil es sich vermeintlich leichter verkaufen lässt. Wenn es aber nicht das ist, was Ihnen wirklich Freude macht, werden Sie sich schwer damit tun, Ihre Selbständigkeit darauf aufzubauen und Ihre Leistung dauerhaft freudig zu verkaufen. Am erfolgreichsten wird Ihre Akquise sein, wenn Sie das anbieten, wovon Sie selbst am meisten überzeugt sind und was Sie liebend gern für Ihre Kunden tun.

Was macht Sie und Ihre Leistung so besonders?

Im nächsten Schritt betrachten Sie Ihr Profil mit den Augen potenzieller Kunden. Was hebt Sie von anderen Anbietern ab? Was macht Sie einzigartig und unverwechselbar? Was trägt dazu bei, dass Sie besser sind als andere? Kurz: Was sagen Sie auf die folgende – meist unausgesprochene – Frage Ihrer Kunden: Warum soll ich gerade Sie beauftragen?

Die Antwort darauf ist Ihr USP. Diese Abkürzung steht für „Unique Selling Proposition" und kann mit „Alleinstellungsmerkmal" übersetzt werden. Entscheidend ist dabei nicht das, was Sie selbst an Ihrer Leistung am wichtigsten finden, sondern die Einzigartigkeit, die sie in den Augen Ihrer Kunden hat. Für diese Einzigartigkeit müssen Sie kein Star und kein Nobelpreisträger sein. Selbst etwas an sich Banales kann in einer pfiffigen Kombination zum Alleinstellungsmerkmal werden. Das zeigt zum Beispiel die Idee der gelernten Konditoreifachverkäuferin Martina Mayr. In der Erziehungspause wurde ihr klar, dass sie zwar wegen der Kinder nicht wieder zurück in den Job, aber doch wenigstens nebenher selbständig arbeiten wollte. Daher hat sie sich Folgendes überlegt: „Ich kenne mich gut mit Pralinen aus und ich bastle leidenschaftlich gern. Also verbinde ich das: Ich bastle Pralinenschachteln und gestalte sie mit individuellen Motiven meiner Kunden, zum Beispiel mit einem Foto des Babys zur Taufe, mit dem

Namen des Brautpaars zur Hochzeit oder auch mit dem Logo eines Unternehmens bei Präsenten für Kunden. Natürlich fülle ich die Schachteln mit hochwertigen Pralinen in Konditoreiqualität."

Pralinenschachteln gibt es an jeder Ecke zu kaufen, und Werbeartikel-Anbieter sind auch nicht gerade selten. Was also macht Martina Mayrs Angebot einzigartig? Welchen besonderen Nutzen hat es für ihre Kunden? Sie gestaltet jeden Auftrag völlig individuell von Hand, kann auch kleinste Serien mit fünf oder 20 Stück zu bezahlbaren Preisen herstellen und garantiert eine hervorragende Qualität der Pralinen.

Denken Sie nun darüber nach, worin Ihr USP besteht. Sie erinnern sich: Es geht darum, in den Augen Ihrer Kunden einzigartig zu sein und etwas zu bieten, das so kein anderer hat. Betrachten Sie also noch einmal die Liste Ihrer Fähigkeiten und Kenntnisse. Was macht Sie einzigartig? Es gibt mehrere Ansatzpunkte für Einzigartigkeit, typisch sind die folgenden sieben.

Besondere Branchenerfahrung

Haben Sie lange in einer Branche gearbeitet? Kennen Sie deren wichtigste Akteure, die (ungeschriebenen) Gesetze, die Probleme und Herausforderungen, vor denen die Beteiligten stehen? Sind Sie innerhalb der Branche bekannt?

Praxisbeispiel

Wilfried Weber ist gelernter Molkereimeister und war nach seinem BWL-Studium lange in leitenden Positionen in der Milchwirtschaft tätig. Unter anderem hat er mehrere Jahre als Produktionsleiter bei einem großen Käsehersteller gearbeitet. Er qualifizierte sich als Six-Sigma-Experte, absolvierte also eine spezielle Ausbildung im Bereich Prozessoptimierung, und berät heute als geprüfter „Master Black Belt" Betriebe der Milchwirtschaft auf ebendiesem Gebiet. Sein USP: Es gibt zwar mehrere Six-Sigma-Berater auf dem deutschen Markt, aber Weber ist der einzige mit diesem speziellen Hintergrund. Ihm muss der Kunde aus der Milchwirtschaft die Besonderheiten und Probleme seines Betriebs und seiner Branche nicht erst erklären – Weber kennt sie schließlich aus eigener langjähriger Erfahrung.

Unter solchen Umständen haben Sie hervorragende Voraussetzungen, um sich als Branchenspezialist zu positionieren. Achtung: Für diesen USP genügt es nicht, in eine Branche mal hineingeschnuppert zu haben. Mindestens fünf oder sechs Jahre Erfahrung sollten es auf jeden Fall sein, besser noch zehn!

Besonderes Zielgruppen-Know-how

Hatten Sie mit einer bestimmten Gruppe von Menschen besonders viel zu tun? Gehören Sie selbst dieser Gruppe an? Sind Sie mit den Problemen und der Denkweise dieser Zielgruppe vertraut? Dann steigt die Wahrscheinlichkeit, dass Sie in den Augen Ihrer Kunden kompetenter und glaubwürdiger als andere Anbieter wirken.

Praxisbeispiel

Christel Schultz wagte den Sprung in die Selbständigkeit mit einem speziellen, selbst entwickelten Hundeshampoo. Als Besitzerin eines Pudels weiß sie, dass viele Hunde eigentlich nach jedem Spaziergang gewaschen werden müssten, doch viele herkömmliche Shampoos sind zu aggressiv und können deshalb zu Allergien, Ekzemen und Haarausfall führen. Ihr USP: Sie kennt diese Probleme, weil sie Hundebesitzerin ist. Daher wirkt sie besonders glaubwürdig, wenn sie ein extra schonendes Shampoo anbietet, das für die tägliche Fellwäsche bei Langhaarhunden geeignet ist.

Eine ungewöhnliche oder seltene Kombination

Wie bereits erwähnt, manchmal ergibt sich die Einzigartigkeit erst aus der Kombination zweier oder mehrerer Merkmale, die für sich genommen nichts Außergewöhnliches wären. Das ist zum Beispiel bei mir der Fall: Diplomkaufleute gibt es reichlich. Deutlich weniger sind es, die über eine journalistische Ausbildung und Erfahrung in diesem Bereich verfügen. Eine ziemlich seltene Spezies sind dann schließlich die Diplomkaufleute, die zusätzlich umfassendes Know-how im Nutzwertjournalismus und sowohl aus eigener Erfahrung als auch als Autoren solides Wissen in Bezug auf die Zielgruppe „Selbständige" haben.

Natürlich gibt es auch ausgefallenere Kombinationen, die durch ihre Exotik einen USP eigener Art erzeugen. Oder, wie es einer meiner Interviewpartner auf den Punkt brachte: „Es ist erstaunlich, womit man sich selbständig machen kann."

Marion Ladich studierte Ethnologie und Pädagogik, arbeitete für den Deutschen Entwicklungsdienst und führte interkulturelle Trainings mit Jugendlichen durch. Als wieder einmal ein befristetes Projekt auslief und die Stellensuche sich schwierig gestaltete, beschloss sie, ihr Hobby in den beruflichen Alltag zu integrieren. Die begeisterte Hobby-Akrobatin absolvierte eine einjährige Ausbildung zur Zirkuspädagogin und machte sich 2003 unter dem Namen Trapezius selbständig. Ihr USP? Sie verbindet die Akrobatik mit außergewöhnlich fundiertem pädagogischem Hintergrund und kann durch ihr Wissen als Ethnologin besondere Lerneffekte anregen. Das qualifiziert sie besonders zur Arbeit mit multiethnischen und -nationalen Gruppen, wie sie gerade an Schulen und in Großstädten häufig vorzufinden sind.

„Die Zirkuspädagogik als solche bietet viele Möglichkeiten, zum Beispiel seine eigenen Grenzen und die Grenzen anderer zu erfahren und sich als Team zu erleben. Entscheidend ist dabei die Reflexion dessen, was da passiert, und die Kommunikation darüber. Dafür ist mein Hintergrund als Ethnologin sehr hilfreich. Bei der Ethnologie geht es schließlich immer auch um die Auseinandersetzung mit der eigenen Kultur. Ich habe durch dieses Studium und meine vorherigen Berufserfahrungen eine sehr fundierte Herangehensweise und inzwischen auch viel Erfahrung mit Kindern, Jugendlichen und Erwachsenen."

Eine neue/einzigartige Leistung

Sind Sie der einzige Anbieter einer bestimmten Leistung? Haben Sie etwas völlig Neuartiges entwickelt? Dann ist das ein hervorragender USP. Allerdings möchte ich hier zwei Einschränkungen machen: Zum einen sind echte Innovationen heute sehr selten. Die Zeiten, in denen das Rad, das Auto oder der Selbstbedienungsladen erfunden wurde, sind vorbei. Innovation bedeutet heutzutage meistens, ein Leistungsdetail zu verändern, das heißt, neue Aspekte eines Angebots zu ergänzen oder auch Unnötiges wegzulassen. Wenn das Ergebnis neuartig, nützlich oder ungewöhnlich genug ist, ergibt sich ebenfalls ein sinnvoller USP.

Einschränkung Nummer zwei: Wenn Ihr Angebot zu neuartig oder ausgefallen ist, könnte es schwierig sein, es zu vermarkten. Denn dann trauen sich Kunden oft nicht heran. In einem solchen Fall ist wirksame Pressearbeit angezeigt, da es sich bei den Medien umgekehrt verhält: Journalisten lieben das Außergewöhnliche als Sujet und werden umso lieber über Sie schreiben, je exotischer das ist, was Sie tun. Wurde erst einmal ausgiebig darüber berichtet, werden viele Interessenten an Sie herantreten, die Sie mit klassischer Akquise allein nicht erreicht hätten.

Im Gespräch

Patricia Elfert ist NLP-Trainerin und Coach, Nadja Merl-Stephan Texterin und PR-Expertin. Den Frauen, beide Hundebesitzerinnen, fiel auf, wie sehr es bei der Hundeerziehung auf Körpersprache und Kommunikation ankommt. Aus diesem Gedanken heraus entwickelten sie ein Führungskräftetraining mit Hunden, mit dem sie im Herbst 2007 unter dem Namen „coach dogs" in den Markt gingen.

Frau Merl-Stephan, Sie haben mit Ihrer Geschäftspartnerin Patricia Elfert das deutschlandweit erste Führungskräftetraining mit Hund entwickelt. Ein ungewöhnlicher USP!
Ja, Trainings mit Tieren gab es schon, aber wir waren die Ersten mit Hund. Das war anfangs schwer zu vermarkten.

Warum?
Wir hatten mit vielen Vorurteilen zu kämpfen. Die Personaler, die wir im Rahmen einer Telefonaktion ansprachen, waren sehr skeptisch nach dem Motto: „Trainings mit Hunden sind unseriös." Oder: „Ich schicke meine Leute doch nicht auf eine Hundeschule." Wir haben bei 200 Unternehmen angerufen und dadurch keinen einzigen Kunden gewonnen.

Das klingt doch sehr frustrierend. Haben Sie in dieser Situation daran gedacht aufzugeben?
Nein. Wir haben beschlossen, die Strategie zu wechseln und statt direkter Akquise auf Pressearbeit und Empfehlungen zu setzen. Die erste Trainingsgruppe akquirierten wir durch Direktansprache aus unseren bestehenden Kontakten. Daraus haben sich übrigens in der Folge erstaunlich viele Empfehlungen ergeben. Parallel intensivierte ich meine Pressearbeit, und wir bewarben uns beim BDVT, dem Berufsverband für Trainer, Berater und Coaches, um den Internationalen Deutschen Trainingspreis. Diese Bewerbung allein hat uns vier Wochen Arbeit gekostet, war aber die Mühe wert.

Inwiefern?
Wir haben den Preis in Silber gewonnen. Das hat das Medieninteresse an den coach dogs enorm angekurbelt. Plötzlich interessierten sich das Fernsehen („RTL explosiv", „Galileo") und renommierte Blätter wie die „Frankfurter Allgemeine Zeitung" für uns. Wir bekommen viele Anfragen von Kunden, die durch Medienberichte auf uns aufmerksam geworden sind.

Wie lautet Ihr Fazit aus dieser Erfahrung?
Etwas zwiespältig: Einerseits ist der Markt heute so übersättigt, dass Sie etwas Neues, anderes brauchen, um Aufmerksamkeit zu erregen. Da war das Training mit Hund genau richtig. Ich verwende das Bild des Hundes übrigens auch für meine Kommunikationsagentur redshoe dogs. Dort ist er mit knallroten Clogs zu sehen. Die roten Schuhe symbolisieren meinen USP, nämlich den Anspruch, anders und originell zu sein. Andererseits hat sich bei den coach dogs auch gezeigt, dass es wirklich neuartige Leistungen in Deutschland schwer haben, sich durchzusetzen. Hier fehlt eine gewisse Offenheit. Ohne Preis, Auszeichnung oder Gütesiegel geht es in Deutschland nicht.

Ihre Persönlichkeit

Wenn Sie eng mit Ihren Kunden zusammenarbeiten, sie beraten, coachen oder auf andere Art durchs Leben begleiten, sind Ihre Fachkenntnisse und Fähigkeiten zwar wichtig, aber nicht allein ausschlaggebend. Ihre Persönlichkeit, Ihre Wirkung auf andere ist es, die letztlich darüber entscheidet, ob ein Kunde mit Ihnen arbeiten will oder nicht. Das gilt zum Beispiel für Katrin Kämmer. Sie ist seit Herbst 2006 als Hochzeitsplanerin („Wedding Planner") in Berlin tätig. Ihre Einschätzung: „Es klingt vielleicht komisch, aber mein USP bin ich. Meine Stärke ist, dass ich sehr gut auf meine Kunden eingehen kann und selbst die Wünsche erahne, die ihnen noch gar nicht bewusst sind. Meine Kunden entscheiden aufgrund der Chemie zwischen ihnen und mir, das Brautpaar muss mich mögen."

Ihre besonderen Werte

Auch wenn Sie fachlich und zielgruppenbezogen etwas anbieten, das viele andere ebenfalls tun, können Sie sich von Ihren Wettbewerbern abheben, wenn Sie Ihre Aufgabe auf besondere Weise erfüllen. Denn dann unterscheiden sich Ihre Werte erkennbar von denen anderer Anbieter.

Christa Fellner studierte Theologie und arbeitete später als Kontakterin in einer Werbeagentur. Als diese im Zuge der Dotcom-Krise der 1990er Jahre Pleite ging, suchte sie zunächst nach einer Anstellung im Marketingbereich. Schnell stellte sie fest: In den Unternehmen, bei denen sie sich bewarb, galt sie als studierte Theologin als Exotin und fiel durch das Einstellungsraster. Gerade ihr theologisch geprägtes Menschenbild macht aber heute den USP ihres Beratungsunternehmens OriKom aus. Sie beschreibt dies folgendermaßen: „Ich versuche, in meinen Kunden den ganzen Menschen zu sehen. Jeder ist ein Original. Das will ich zum Vorschein bringen."

Preis-USP

Für gewöhnlich denkt man hier an eine preisaggressive Positionierung nach dem Motto „Ich bin der billigste Anbieter für …" Das eignet sich prima für marktmächtige Unternehmen wie Lidl und ALDI, dürfte für die meisten Selbständigen und Kleinunternehmen aber kaum zu schaffen sein. Problematisch ist bei der Billigpositionierung zudem, dass dann der Preis das einzige Kaufargument für Ihre Kunden ist. Ist ein anderer Anbieter billiger, wechselt der Kunde sofort und bedenkenlos – Kundenbindung schaffen Sie auf diese Art nicht. Von einer Niedrigpreispositionierung rate ich daher ab. Dennoch können Sie über den Preis einen (zusätzlichen) USP schaffen, wenn Sie von den Gewohnheiten Ihrer Branche abweichen und über Ihr Preismodell Nutzen für den Kunden erzeugen. Sie können zum Beispiel Leistungen im Abonnement günstiger anbieten, um Kundentreue zu belohnen, Leistungen versteigern und damit den Spiel- und Schnäppchentrieb befriedigen oder Ihr Honorar vom Erfolg abhängig machen, um damit das Bedürfnis Ihrer Kunden nach Sicherheit zu bedienen.

Georg Schütz ist seit 2003 als selbständiger Organisations- und Unternehmensberater für kleine und mittlere Unternehmen tätig. Seinen Preis-USP verdankt er seinem ersten Kunden: „Das war ein Bekannter, dessen kleiner Laden schlecht lief. Da er wusste, dass ich aus dem Handel kam, sagte er zu mir: ‚Ich bräuchte eigentlich genau so jemanden wie Sie. Aber ein Unternehmensberater ist mir einfach zu teuer.' Verständlich, wer will schon viel Geld für eine Beratung zahlen, von der man nicht weiß, ob sie etwas bringt – noch dazu, wenn die Geschäfte gerade schlecht laufen. Also habe ich zu diesem Mann gesagt, dass ich ihn kostenlos berate. Und erst wenn er durch meine Beratung tatsächlich Geld einspart oder seinen Verdienst steigert, zahlt er mir etwas. Das hat super geklappt. Heute berate ich ausschließlich auf Erfolgsbasis. Meinen Kunden gibt das Sicherheit, und mir garantiert es laufende Einnahmen – bei steigenden Verdiensten bekomme ich nämlich zwei Jahre lang Monat für Monat meinen Anteil."

Es gibt viele Wege zur Einzigartigkeit. Entscheiden Sie sich für einen davon oder kombinieren Sie verschiedene.

So gelingt die Kommunikation Ihres Profils nach außen

Sie haben nun herausgefunden, wie Sie dastehen, was Sie für wen anbieten wollen und warum ein potenzieller Kunde Sie beauftragen sollte. Im nächsten Schritt sorgen Sie dafür, dass diese Standortbestimmung nach außen sichtbar wird. Positionierung und Einzigartigkeit bringen Ihnen gar nichts, wenn Ihre Kunden nichts davon erfahren oder sie nicht erkennen (können). Wichtig ist, dass Sie klar signalisieren, wofür Sie stehen. Ihr Kunde sollte sofort sehen: „Aha, das ist der Experte für …" Wer sich nicht eindeutig positioniert, löst Unsicherheit aus, und unsichere Kunden kaufen nicht.

Verwässern Sie Ihre Positionierung nicht

In einer Fachzeitschrift für Sekretärinnen entdeckte ich einen amüsanten Artikel zum Thema „Aufschieberitis". Als ich nachsah, wer diesen Beitrag geschrieben hatte, las ich unter dem Namen der Autorin: Unternehmensberaterin, Lehrbeauftragte, Touristikreferentin, Kreativ-Coach, Künstlerin. Mein erster Gedanke war: „Ja, was ist sie denn nun?" Ich habe durchaus Respekt für Menschen, die mehrere Aufgabengebiete meistern. Ich weiß aus eigener Erfahrung, dass auf Selbständige manchmal Aufträge zukommen, die nicht so ganz zum eigenen Profil passen. Ebenso kann es sein, dass sich der eine oder andere ein weiteres Aufgabengebiet erschließt, weil er Interesse dafür entwickelt und feststellt, dass bei seinen Kunden eine entsprechende Nachfrage besteht.

Mehrere Standbeine zu haben ist sicherlich sinnvoll. Sie sollten aber in einem auch für den Kunden erkennbaren sinnvollen Zusammenhang stehen. Natürlich können Sie Trainer und Coach sein, Trainer und Dozent oder Trainer und Fachautor. Sie können „Kreativ-Coach" sein und hoffen, dass dieser ungewöhnliche Begriff die Menschen aus Ihrer Zielgruppe neugierig macht. Aber ein willkürlich anmutendes Sammelsurium von Tätigkeitsbezeichnungen erlaubt keine klare Positionierung mehr.

Rufen Sie sich noch einmal die Berufsbezeichnungen der gerade erwähnten Autorin ins Gedächtnis: Unternehmensberaterin, Lehrbeauftragte, Touristikreferentin, Kreativ-Coach, Künstlerin. Was bietet diese Dame für wen? In welchen Bereichen ist sie besser als andere? Würden Sie sich an sie wenden, wenn Sie einen Experten für Tourismusfragen bräuchten? Wäre sie die erste Wahl, wenn Sie einen Coach suchten, der Sie durch Ihre Existenzgründungsphase begleitet? Wahrscheinlich werden Sie sich eher an einen „echten" Spezialisten wenden, der sich konzentriert und klar erkennbar einem Themengebiet widmet. Die Autorin hätte sich für den Artikel in der Sekretärinnen-Zeitschrift als Unternehmensberaterin, besser noch als „Effizienzberaterin" bezeichnen können. Damit hätte sie einen klaren USP gezeigt – „Aha, eine Spezialistin in Sachen effiziente Organisation!" – und bei der Zielgruppe „Sekretärinnen" sowie deren Vorgesetzten Interesse geweckt.

Tipp
Klare Positionierung durch mehrere Firmenauftritte

Wenn Sie zwei völlig unterschiedliche Aufgabengebiete für unterschiedliche Zielgruppen bearbeiten, sollten Sie sich im Zweifelsfall lieber einen zweiten Firmennamen und eine zweite Website zulegen, um Ihre Positionierung bei den jeweiligen Zielgruppen nicht zu verwässern.

Wählen Sie eine aussagekräftige Berufsbezeichnung

Die Bezeichnung „Kreativ-Coach" aus dem obigen Beispiel klingt interessant. Doch was ist denn das? Genau diese Frage könnte ein prima Aufhänger für einen „Elevator Pitch" sein, wenn Sie eine derartige Dienstleistung anbieten. Etwa nach dem Motto: „Ich helfe meinen Klienten, ihre Kreativität wiederzuentdecken und für ihre Weiterentwicklung zu nutzen." Es kann aber auch sein, dass potenzielle Kunden Ihr Angebot unter einem Titel wie „Kreativ-Coach" nicht einordnen können und deshalb nicht weiter beachten. Das hängt unter anderem davon ab, welche Zielgruppe Sie anpeilen. Ich beispielsweise bewege mich in der nüchternen Welt der Wirtschaftspublikationen und habe auf meine Visitenkarten schlicht „Wirtschaftsjournalistin und freie Dozentin" drucken lassen. Häufig wird mir die Frage gestellt, was ich unterrichte – und schon bin ich im Gespräch.

Versuchen Sie, Ihre Berufsbezeichnung möglichst aussagekräftig zu gestalten, denn was neben oder unter Ihrem Namen steht, wird von jedem Interessenten gelesen. Was er dort vorfindet, hat entscheidenden Einfluss darauf, ob er weiterliest oder nicht. Wenig aussage- und daher auch wenig zugkräftig sind sehr allgemein gehaltene Bezeichnungen wie „Unternehmensberater", „Journalist" oder „Designer". Häufig wählen Selbständige diese, weil sie glauben, sich damit ein breiteres Tätigkeitsfeld zu erschließen und mehr Aufträge zu erhalten. Praktisch aber verwischen sie damit die Konturen ihres Profils und verringern ihre Chancen auf dem Markt. Machen Sie sich bewusst: Kein Kunde sucht irgendeinen Berater. Hat er ein Personalproblem, sucht er einen Personalberater. Wenn er spürt, dass unternehmensinterne Konflikte lähmend wirken, braucht er einen Mediator oder Kommunikationstrainer. Oder er sucht jemanden, der Veränderungsprozesse anstößt und begleitet. Und das gilt für jeden Tätigkeitsbereich. Auch ein Journalist sollte zumindest angeben, in welchen Ressorts er zu Hause ist, der Designer, was er vorwiegend entwirft. Niemand kann gleich gut darin sein, Websites, Wäsche und Wasserhähne zu entwerfen. Ihre Positionierung muss daher eng sein, denn nur so bleibt Ihr Profil erkennbar.

Was ist sinnvoller für mich: Geschäftsbezeichnung oder Firmenname?

Anders als im normalen Sprachgebrauch bezeichnet „Firma" im rechtlichen Sinne den Namen, unter dem ein Kaufmann am Markt auftritt, seine Geschäfte tätigt und unterschreibt (§ 17 Absatz 1 Handelsgesetzbuch [HGB]). „Kaufmann" ist aber nur, wer im Handelsregister eingetragen ist. Wählen Sie beispielsweise die Rechtsform „eingetragener Kaufmann/Kaufrau", können Sie unter Ihrem Personennamen „Sieglinde Maier e. K." firmieren, aber auch mit einem anderen Namen, der Ihre Tätigkeit beschreibt, etwa „Dalmatinerzucht Düsseldorf e. K." Die gewählte Firmierung muss dann auf Ihrer Website, Ihren Rechnungen und jeglicher Kundenkorrespondenz erscheinen, in ihrem Namen werden alle Rechtsgeschäfte getätigt.

Ihr persönlicher Name tritt hinter der Firmierung zurück. Diese Form der Geschäftsgründung kommt bei kleinen Unternehmen allerdings seltener vor und ist aus meiner Sicht auch nicht empfehlenswert, da mit ihr einige zusätzliche Pflichten verbunden sind, etwa die erweiterte Buchführung.

Kleingewerbetreibende und Freiberufler werden nicht ins Handelsregister eingetragen und können damit auch keinen Firmennamen haben. Sie tätigen alle Rechtsgeschäfte unter ihrem eigenen, bürgerlichen Namen. Sie können sich aber zusätzlich eine „Geschäftsbezeichnung" zulegen, also einen Namen, unter dem sie am Markt auftreten. Dieser kann aus frei gewählten Fantasiebezeichnungen oder auch Abkürzungen bestehen. Das ist aber nicht unbedingt nötig, und wenn Sie sich geschickt vermarkten, wird Ihr persönlicher Name in Ihrer Zielgruppe früher oder später zur Marke – wie bei Dieter Bohlen oder Boris Becker. Manchmal kann es aber durchaus hilfreich sein, einen zusätzlichen Namen für ein Unternehmen zu wählen. Er sollte dann verdeutlichen, welche Art von Geschäft Sie betreiben, und dazu beitragen, Sie unverwechselbar(er) zu machen.

Ein wenig hängt die Entscheidung für oder gegen eine extra Firmenbezeichnung auch davon ab, wie Sie heißen. Meiers und Müllers haben es tendenziell schwerer, sich einen starken Namen zu machen als Träger von ausgefallenen oder bereits berühmten Namen wie etwa ein Freiherr Knigge oder eine geborene Adenauer. Bedenken Sie in diesem Zusammenhang auch: Es ist von Vorteil, wenn Sie eindeutig zu identifizieren sind und Ihre Website ganz oben zu finden ist, wenn man Ihren Namen googelt. Wer beispielsweise „Peter Müller" sucht, stößt unter den ersten zehn Treffern auf acht verschiedene, durchaus verdienstvolle Herren dieses Namens. Einem weiteren Peter Müller würde ich unter Akquise- und Marketing-Gesichtspunkten dazu raten, einen prägnanten Firmennamen zu wählen, um Verwechslungen zu vermeiden. Hierzu einige Beispiele:

- Christa Fellner, die Profil- und Kommunikationsberaterin, leitet *OriKom*, das Büro für Originelle Kommunikation.

- Die ehemaligen Weltklassefechter Oliver Lücke und Arndt Schmitt nannten ihr Start-up, das Fechtseminare für Unternehmen organisiert, schlicht *Die Fechtmeister.*

- Martina Mayr, geborene Ferreau, firmiert mit ihren individuellen Pralinenschachteln unter dem vielversprechenden Namen *Ferreau's Köstlichkeiten.*

- Wilfried Weber, der Experte für Prozessoptimierung durch Six Sigma, nennt sein Unternehmen *ProProcess*.

- Patricia Elfert und Nadja Merl-Stephan sind nicht irgendwelche Führungskräftetrainer, sondern die *coach dogs*.

- Marion Ladich bietet Zirkuspädagogik für Führungskräfte und Kinder unter dem Namen *Trapezius* an.

Entscheiden Sie, wie Sie nach außen hin erscheinen wollen

Ihr Erscheinungsbild nach außen sollte zum einen möglichst stimmig sein und zum anderen einen Wiedererkennungseffekt bei Ihren (potenziellen) Kunden ermöglichen. Dazu dient das Corporate Design, das Sie für Ihr Unternehmen wählen. Es sollte zu Ihrer Positionierung passen und sich in allen Bereichen Ihrer Außendarstellung wiederfinden. Ziel ist es, auch optisch für Ihre Kunden eindeutig klarzustellen: „Ach ja, das ist ja …" Das funktioniert folgendermaßen: Rund, blau und weißer, geschwungener Schriftzug? Na klar, Nivea. Gelb und ein Posthorn darauf? Ja, genau. Sorgen Sie dafür, dass Sie für Ihre Zielgruppe unverwechselbar werden.

Corporate Design: Was gehört dazu und worauf ist bei der Gestaltung zu achten?

„Corporate Design" klingt ziemlich bombastisch, bezeichnet aber nichts anderes als die Art und Weise, wie Sie beziehungsweise Ihr Unternehmen nach außen in Erscheinung treten. Die großen Markenhersteller treiben es dabei recht weit mit der Einheitlichkeit. Das geht von der Visitenkarte über den firmenweit standardisierten Handy-Klingelton bis hin zu Architektur in Firmenfarben oder -formen. Für Sie als Einzel- oder Kleinunternehmer ist dies sicher eine Nummer zu groß und auch gar nicht notwendig. Beschränken Sie sich guten Gewissens auf die wirklich wichtigen Elemente Ihres Corporate Designs.

Ihre Person

Der wichtigste Bestandteil des Ganzen sind natürlich Sie selbst. Das heißt nicht, dass Sie sich, wenn Sie zum Beispiel Rot als Firmenfarbe gewählt haben, künftig nur noch in dieser Farbe kleiden müssen. Aber Ihr Gesicht,

Ihre Stimme, Ihre Art zu sprechen und sich zu kleiden, sind für Sie als Selbständiger keine reine Privatsache. Vielmehr sind Sie immer auch ein personifizierter Werbeträger.

Für viele Existenzgründer ist es eine große Umstellung, sich Folgendes bewusstzumachen: Der Eindruck, den sie persönlich hervorrufen, überträgt der Kunde automatisch auf ihre Leistung. Es gibt Bereiche, in denen Brüche gewollt eingesetzt werden, wenn etwa ein Kommunikationstrainer provokativ in Lederjacke und mit Piercing auftritt und dadurch auf Rollenerwartungen und Kommunikationsfallen aufmerksam macht. In aller Regel aber erleichtern Sie sich die Akquise, wenn Ihr Erscheinungsbild den Rollenerwartungen Ihrer Kunden entspricht. Der Ein-Mann-Buchhaltungsservice sollte zumindest Jackett und Krawatte tragen, die Kosmetikerin ein dezentes Make-up; der Fotograf darf in Sachen Kleidung durchaus künstlerisch angehaucht wirken, die Grafikerin modemutig sein. Voraussetzung für alle: Sowohl Sie selbst als auch Ihre Kleidung sollten selbstverständlich immer sauber und bestens gepflegt sein.

Der Slogan

Wussten Sie, dass ein Slogan ursprünglich ein Sammel- beziehungsweise Schlachtruf schottischer Clans war? Heute hat er eine weniger martialische, aber genauso wichtige Funktion: Er soll in möglichst wenigen Worten auf den Punkt bringen, wofür ein Unternehmen oder Produkt steht. „Persil, da weiß man, was man hat." Gute Slogans sind präzise, verständlich und einprägsam. Sehr gute Slogans wirken sogar dann noch, wenn der Name des Unternehmens oder Produkts gar nicht darin auftaucht. „Quadratisch. Praktisch. Gut." Oder – auch wenn er schon ziemlich abgenudelt ist – „Geiz ist geil!".

Schlechte Slogans sind jene, die austauschbar sind, sodass man sie nicht mehr eindeutig zuordnen kann, oder zu ausgefeilt, sodass sie kaum jemand versteht. Seit eine Studie der Endmark AG aus dem Jahr 2002 ergeben hat, dass die Mehrheit der Befragten englische Slogans gar nicht oder nicht richtig verstand, setzen auch die großen, internationalen Unternehmen wieder auf die deutsche Sprache. Douglas warb beispielsweise mehrere Jahre mit dem Slogan „Come in and find out", den 54 Prozent der Befragungsteilnehmer prompt wenig verkaufsfördernd mit „Komm rein und finde wieder raus" übersetzten. Der aktuelle Slogan ist weniger glamourös, dafür aber verständlich: „Douglas macht das Leben schöner".

Für den Slogan gilt: Er ist nicht zwingend notwendig. Die meisten der von mir befragten Selbständigen haben keinen. Denken Sie aber trotzdem darüber nach, denn ein guter Slogan kann für Ihre Außendarstellung sehr nützlich sein. Entscheiden Sie sich aber nur für eine Formulierung, die wirklich zu Ihnen passt und Erinnerungswert hat. Hierzu einige Beispiele:

- gruendungszuschuss.de – Jeder ist Unternehmer.

- Ferreau's Köstlichkeiten. Handgemacht. Individuell. Köstlich.

- Compendium Plus. Ziele erreichen! (Bei Compendium Plus handelt es sich um einen Seminaranbieter.)

- LIMA Betten. Ihr Bettenhaus im Allgäu.

- Wunschkonzert. Highlights für Ihr Event. (Hinter diesem Slogan steht eine Künstlervermittlungsagentur.)

Das Logo

Da die meisten Menschen „Augentiere", also stark visuell orientiert sind, ist ein Logo ein wichtiger Baustein des Corporate Designs. Ähnlich wie der Slogan soll es die Positionierung eines Unternehmens auf den Punkt bringen und bei Geschäftspartnern verankern. Ein Logo kann zum Beispiel aus Ihrem Namen oder aus dem Geschäfts- oder Firmennamen in einer besonderen Schriftart und -farbe bestehen (strenggenommen spricht man dann von einem Signet beziehungsweise einer Wortmarke). Oder Sie wählen eine Kombination aus Schriftzug und Bildelement, diese Art von Logo ist besonders wirksam. Mit der Wortmarke – dem Namen – können Sie sachliche Botschaften transportieren, während die Bildmarke die emotionalen Botschaften verstärkt. Ein schönes Beispiel dafür finden Sie auf Seite 40. Ein gutes Logo zeichnet sich durch vier Eigenschaften aus, es sollte stimmig, unverwechselbar, einprägsam und gut reproduzierbar sein.

Stimmig

Das Logo muss zu Ihnen und Ihrem Unternehmen passen und verständlich sein. Wenn Sie beispielsweise kreative Leistungen erbringen, passt ein bunter, verspielter Schriftzug wunderbar. Derselbe Schriftzug würde bei einem Rechtsanwalt merkwürdig anmuten. Dort erwartet man sachliche Strenge im Design. Ähnlich ist es beim Bildelement. Der Betrachter sollte es mit Ihrer Tätigkeit und Ihrer Persönlichkeit mühelos in Verbindung bringen können und nicht lange herumrätseln müssen, was sich dahinter verbirgt oder was es wohl mit Ihnen zu tun haben könnte. Das ist im folgenden Beispiel gelungen:

Dieses Logo wurde von Christa Fellner gemeinsam mit der Künstlerin und Illustratorin Anke Raum entwickelt. Der Name „Frauenforum München" stellt sofort klar, worum es geht. Die sachliche, moderne Schrift der Wortmarke soll den professionellen Anspruch des Forums verdeutlichen. Die Bildmarke lässt Spielraum für Interpretation und bietet dem Betrachter verschiedene Sichtweisen an: Sie ist einerseits lesbar als „mff", die Abkürzung für das Münchner Frauenforum. Andererseits kann man sie als stark abstrahierte Silhouette Münchens mit den Türmen der Frauenkirche und den Bergen im Hintergrund ansehen.

Unverwechselbar

Schon aus rechtlichen Gründen müssen Sie darauf achten, dass Ihr Logo anderen Markenzeichen nicht zu ähnlich ist. Auch wenn Sie nur unabsichtlich das Markenrecht eines anderen verletzen, riskieren Sie eine Abmahnung, was sehr teuer werden kann. Ohnehin kann es nicht in Ihrem Interesse sein, beim Betrachter die gedankliche Verknüpfung zu einem anderen Unternehmen oder einer anderen Marke zu aktivieren oder unerwünschte Assoziationen zu wecken. Angebissene Äpfel oder drei schräge Streifen sollten also nicht unbedingt Teil Ihres Logos sein.

Einprägsam

Der Sinn eines Logos besteht darin, dass der Betrachter sich daran erinnert und es mit Ihnen in Verbindung bringt. Dass es stimmig und unverwechselbar ist, sind zwei wichtige Voraussetzungen dafür. Ihr Logo prägt sich außerdem besser ein, wenn es einfach gestaltet ist. Komplexe, mehrfarbige Zeichnungen sind eher ungeeignet. Sie können das ganz einfach testen: Bitten Sie einen Bekannten, sich Ihr Logo genau anzuschauen. Dann decken Sie es ab und bitten ihn, es aus dem Gedächtnis nachzuzeichnen. Gelingt ihm das ohne größere Schwierigkeiten, ist Ihr Logo einprägsam genug.

Gut reproduzierbar

Bei diesem Punkt geht es um die technischen Details: Ihr Logo gehört auf alle Elemente Ihrer Geschäftsausstattung. Vielleicht wollen Sie es auch auf Werbeartikel wie Kugelschreiber, Tassen oder T-Shirts drucken (lassen). Daher sollte es in jeder Größe und auf jeder Unterlage deutlich erkennbar sein und gut aussehen. Denken Sie auch daran, dass Sie Ihr Logo vielleicht mal in Schwarz-Weiß brauchen, zum Beispiel auf Faxvorlagen oder Kopien. An dieser ganz praktischen Anforderung sind schon viele kreative Entwürfe gescheitert; die Reproduzierbarkeit erfordert Kompromisse im Design.

Tipp
Lassen Sie Ihr Logo von einem Profi gestalten

Wenn Sie nicht gerade gelernter Grafiker sind, sollten Sie Ihr Logo nicht selbst und auch nicht allein gestalten. Handgestrickte Lösungen sind in aller Regel als solche erkennbar und wirken unprofessionell. Am besten machen Sie sich ausgiebig Gedanken darüber, welche Botschaft Ihr Logo vermitteln soll, und beauftragen dann einen Profi mit der Ausführung.

Die Firmenfarbe(n)

Mögen Slogan und Logo noch entbehrlich sein (obwohl es schade wäre, keines von beiden zu haben), eine Firmenfarbe ist es nicht. Denken Sie nur daran, wie trist uns die Welt erscheint, wenn an einem trüben Tag alles grau erscheint. Farben wirken auf unser seelisches und körperliches Befinden, sie können unsere Stimmung beeinflussen, unseren Geist anregen oder auch beruhigen. Wählen Sie daher Ihre Firmenfarbe(n) mit großer Sorgfalt aus. Verlassen Sie sich dabei auf Ihr eigenes Gefühl und Ihren Geschmack, denn sie müssen Ihnen und Ihrer Persönlichkeit entsprechen.

Bedenken Sie aber, dass Farbe(n) auf bestimmte Weise wirken. Natürlich wollen Sie einen positiven Effekt erzielen, zum Beispiel Ihre Zielgruppe direkt ansprechen und das Interesse an Ihnen und Ihrer Leistung verstärken. Berücksichtigen Sie daher auch farbpsychologische Erkenntnisse. Den Farben werden unterschiedliche Botschaften und Wirkungen zugeschrieben, die in jedem Kulturkreis ein wenig anders ausfallen. Typische Zuordnungen in unserem Kulturkreis listet die folgende Tabelle auf.

Farbe	Botschaft
Rot	Liebe, Leidenschaft, Energie, Dynamik
Blau	Harmonie, Freundlichkeit, Zuverlässigkeit, Vertrauen, Kontrolle
Gelb	Lebensfreude, Optimismus, Selbstvertrauen
Orange	Energie, Aktivität, Kreativität, Wärme
Grün	Hoffnung, Lebendigkeit, Natürlichkeit
Violett	Frieden, Spiritualität, Kreativität
Weiß	Reinheit, Unschuld, Wahrheit, Neutralität
Grau	Sachlichkeit, Funktionalität, Neutralität
Schwarz	Sachlichkeit, Modernität, Funktionalität, Eleganz

Sie brauchen sich nicht für nur eine Farbe zu entscheiden. Oft entfalten erst Farbkombinationen die gewünschte Wirkung. So wirkt eine Gestaltung in Weiß und Grau betont nüchtern und sachlich. Rot-Grau kommt elegant und dynamisch daher, während Violett-Grau schon ziemlich extravagant ist. Wählen Sie ruhig Farben, die Ihnen selbst gefallen, mit denen Sie sich wohlfühlen. Diese vermitteln ein stimmigeres Bild von Ihnen, als wenn Sie beispielsweise nach modischen Gesichtspunkten gingen. Achten Sie zudem auf folgende Aspekte:

- Verwenden Sie nicht zu viele verschiedene Farben. Drei sind das Maximum, zwei meist genug. Auch deshalb, weil zwei Farben beim für kleinere Auflagen am besten geeigneten Offset-Druckverfahren deutlich weniger Kosten mit sich bringen.

- Sorgen Sie für gute Hell-Dunkel-Kontraste. Texte lassen sich tatsächlich am besten schwarz auf weiß lesen, die zweitbeste Lösung ist dunkle Schrift auf hellem Hintergrund. Helle Schrift auf dunklem Grund sieht zwar oft gut aus, ist aber schlechter lesbar.

- Setzen Sie klare, leuchtende Farben nur auf kleinen Flächen ein. Sonst besteht die Gefahr, dass die Farbe Ihre Inhalte übertüncht.

Legen Sie sich eine professionelle Geschäftsausstattung zu

Wenn Sie Ihr Corporate Design entwickelt und sich für Slogan, Logo und/ oder Farbe(n) entschieden haben, wird es Zeit, Ihre Geschäftsausstattung entsprechend zu gestalten. Die einzelnen Elemente sollten durchgängig auf allem zu finden sein, womit Sie im Markt in Erscheinung treten: auf Visitenkarten, Briefpapier, Aufklebern, Stempeln, Flyern, Postkarten, Websites, Werbegeschenken usw.

Briefpapier

Natürlich können Sie Ihren Briefbogen selbst gestalten und den Briefkopf einfach mit auf das übliche weiße Büropapier drucken. Empfehlen würde ich das aber nicht. Ein schwereres, edleres Briefpapier, das in einer Druckerei bedruckt wird, kostet zwar meist ein paar hundert Euro, doch diese Ausgabe lohnt sich. Ich verwende beispielsweise ein cremefarbenes, leicht strukturiertes Papier mit weinrotem Aufdruck. Schon mehrfach habe ich von Geschäftspartnern gehört, dass ihnen mein Briefpapier sehr gut gefällt oder dass sich Briefe von mir immer leicht wiederfinden lassen, weil sie selbst im großen Poststapel auffallen. Eine solche Wirkung ist für mich als Selbständige eigentlich unbezahlbar.

Visitenkarten

Auch Ihre Visitenkarten sollten hochwertig und gut gestaltet sein. Abheben können Sie sich, indem Sie beispielsweise Hochformat statt Querformat oder ein größeres Format wählen als üblich. Nachteilig ist dann allerdings, dass der Empfänger Ihre Karte sehr wahrscheinlich nicht in seiner Visitenkartenmappe unterbringt. Inzwischen sieht man auch ab und zu Visitenkarten mit Foto. Wenn Sie ein gutes Bild von sich verwenden und es nicht zu klein gedruckt wird, lässt sich dagegen nichts einwenden. Der Empfänger erinnert sich vermutlich besser an Sie, wenn Ihr Bild neben Ihrem Namen zu sehen ist. Gerade wenn Sie personenbezogene Dienstleistungen erbringen, kann das sehr nützlich sein.

Flyer und Imagebroschüren

Bei diesen Medien kommt dem Text ebenso viel Bedeutung zu wie der Gestaltung. Das äußere Erscheinungsbild ist mitentscheidend dafür, ob der Empfänger Ihre Werbematerialien überhaupt liest. Eine sehr hochwertige und/oder ausgefallene Gestaltung trägt mit dazu bei, dass sich der Betrachter an Sie erinnert und die Materialien eventuell aufbewahrt. Letztendlich ist es aber der Text, der das Interesse an Ihrer konkreten Leistung anregt oder vertieft und im Idealfall dazu führt, dass der Leser Kontakt zu Ihnen aufnimmt. Das schaffen Sie nur mit einem gut strukturierten, verständlichen und formal perfekten Text. Schwammige Aussagen, Schachtelsätze mit hohem Fremdwortanteil sowie Fehler in Zeichensetzung und Orthografie wirken abschreckend und sind Auftragsverhinderer. Im Kapitel „3. Wer sind Ihre Kunden und was wollen sie?" erfahren Sie mehr darüber, wie Sie leserorientiert schreiben.

Tipp
Treten Sie professionell auf

Investieren Sie in eine hochwertige Geschäftsausstattung. Holen Sie sich Unterstützung von einem Grafiker und eventuell auch von einem Texter, Journalisten oder sonstigen Kommunikationsprofi. Die Erstausstattung kann Sie (mit Logo) gut 2.000 Euro kosten, aber es lohnt sich, dieses Geld auszugeben. Nur wer professionell auftritt, wird vom Kunden als gleichwertiger Geschäftspartner akzeptiert – und kann entsprechende Honorare durchsetzen.

Warnen möchte ich Sie vor einer Kostenfalle: Natürlich werden Flyer, Briefpapier usw. pro Stück umso billiger, je größer die Auflage ist. Dennoch sollten Sie Ihr Startkapital nicht gleich für den Druck von 10.000 hochwertigen Imageflyern verbraten. Denn die Erfahrung zeigt, dass sich in den ersten zwei bis drei Jahren der Selbständigkeit fast immer Veränderungen ergeben. Sie werden feststellen, dass manche Leistungen gar nicht nachgefragt werden, dafür werden vielleicht andere gewünscht, die Sie zunächst für nebensächlich gehalten oder an die Sie noch gar nicht gedacht haben. Auch Zielgruppen entwickeln sich. Vielleicht entdecken Sie neue, modifizieren bestehende, treffen auf Multiplikatoren, lernen mehr darüber, was Ihren Kunden wirklich wichtig ist, kurz: Sie werden Ihre Flyer aller Wahrscheinlichkeit nach in absehbarer Zeit neu formulieren und drucken lassen. Auch wenn es um Visitenkarten und Briefpapier geht, kann dies eventuell der Fall sein. Fangen Sie also lieber mit einer kleineren Auflage an.

Eine im Hinblick auf diese Überlegungen praktische Alternative zum Flyer sind Imagemappen. Diese können Sie als Kunststoffhülle mit Ihrem Logo gestalten lassen und jeweils aktuell mit Visitenkarten, auf Geschäftspapier ausgedruckten Preis- und Referenzlisten und weiteren Materialien bestücken. Die Mappen sind zwar in der Produktion teurer als Flyer, dafür aber fast unbegrenzt haltbar und verwendbar.

3. Wer sind Ihre Kunden und was wollen sie?

Bis jetzt haben Sie sich vornehmlich mit sich selbst und Ihrem Unternehmen beschäftigt. Das mussten Sie auch, um mit der richtigen Einstellung zur Akquise und Ihrer Positionierung die ersten beiden Voraussetzungen für erfolgreiche Akquise zu schaffen. Nun ist es an der Zeit, den Blick auf den Markt zu richten. Dort draußen sind Ihre Kunden. Sie müssen wissen, wer Ihre Kunden sind, wo und wie Sie sie am besten erreichen können und welchen konkreten Nutzen Sie ihnen zu bieten haben. Auch über die Preisgestaltung sollten Sie sich nun Gedanken machen.

An dieser Stelle möchte ich Sie mit einigen Gedanken von Peter F. Drucker, dem 2005 verstorbenen Management-Pionier bekanntmachen. Er war ein brillanter Analytiker, der seine Erkenntnisse ebenso präzise wie unterhaltsam formulierte. In einem seiner Aufsätze stellte er die simple Frage, was eigentlich ein Unternehmen ist und welchen Daseinszweck es hat. Üblicherweise antworten wirtschaftswissenschaftlich Gebildete darauf, Ziel der unternehmerischen Tätigkeit sei die Gewinnmaximierung. Natürlich stimmt das in gewisser Weise. Wir alle arbeiten, um damit Geld zu verdienen. Aber das greift zu kurz. Das Gewinnziel allein sagt nichts darüber aus, was Sie als Unternehmer tun, warum Sie es tun und wie Sie es tun sollten. Was also ist der Daseinszweck eines Unternehmens? Wörtlich schreibt Drucker in seinem Buch „Was ist Management? Das Beste aus 50 Jahren" (Berlin 2005): „Es gibt nur eine richtige Definition für den Zweck eines Unternehmens: Es muss einen Kunden finden! (…) Der Kunde entscheidet darüber, was ein Unternehmen ist. Einzig und allein die Bereitschaft des Kunden, für ein Wirtschaftsgut oder eine Dienstleistung zu bezahlen, wandelt wirtschaftliche Ressourcen in Wohlstand um, macht aus Dingen Güter. Der Kunde kauft niemals nur ein Produkt. Er kauft stets einen Nutzen. Welchen Wert er Produkten oder Dienstleistungen beimisst, hängt davon ab, was diese für ihn leisten."

So schlicht diese Erkenntnis erscheinen mag, so wesentlich ist sie für Ihre Akquise und Ihren Erfolg als Selbständiger. Um dieses Wissen in Erfolg umzusetzen, müssen Sie Antworten auf die folgenden drei Fragen finden:

- Wer sind Ihre Kunden?

- Wo sind Ihre Kunden?

- Was kaufen Ihre Kunden?

Finden Sie heraus, wer zu Ihrer Zielgruppe gehört

In diesem Textabschnitt geht es nicht nur um bestehende, sondern auch um zukünftige Kunden. Und zwar um diejenigen, die Sie gezielt ansprechen wollen: Ihre Zielgruppe. Wer gehört dazu? Wie unterscheidet sich Ihre von anderen Zielgruppen? Zur Bestimmung dieses Personenkreises dienen unterschiedliche Kriterien, abhängig davon, ob Sie sich mit Ihrer Leistung an Privat- oder an Firmenkunden wenden.

Wenn Sie sich an Firmenkunden richten, können zum Beispiel folgende Kriterien zur Abgrenzung dienen:

- Die Branche: Das gilt vor allem, wenn Sie Branchenerfahrung haben oder eine Leistung anbieten, die für bestimmte Branchen wichtiger ist als für andere.

- Die Größe der Unternehmen gemessen an der Zahl der Mitarbeiter: Als Solo-Selbständiger sind für Sie meist kleinere Unternehmen als Kunden interessanter, weil diese für viele von ihnen benötigte Leistungen nicht extra eine eigene Abteilung aufbauen, sondern sie lieber extern beziehen.

- Der Standort: Wenn Ihre Zielgruppe groß ist und die Art Ihrer Leistung erfordert, dass Sie ins Unternehmen kommen, kann eine regionale Abgrenzung schon allein wegen der Fahrtzeiten zum Kunden hin und zurück sinnvoll sein.

- Das Leistungsprogramm/Sortiment Ihres potenziellen Kunden: Ihre Leistung sollte selbstverständlich dazu passen.

Praxisbeispiel

Frank Ehnes bietet externe Personalentwicklung an. Konkret führt er Aufgabenanalysen sowie Analysen der Mitarbeiterkompetenz durch und erarbeitet Pläne für die Mitarbeiterentwicklung. Seine Zielgruppe hat er nach der Unternehmensgröße abgegrenzt: Unternehmen mit zehn bis 500 Mitarbeitern. Warum? „Die brauchen Personalentwicklung, haben dafür aber keine eigene Abteilung und deswegen überhaupt keine Zeit, sie selbst durchzuführen."

Wenn es um Privatkunden geht, wird üblicherweise eine Abgrenzung der Zielgruppen nach personen- und verhaltensbezogenen Merkmalen vorgenommen. Zu den personenbezogenen Merkmalen gehören im Einzelnen die folgenden:

- Geografische Merkmale: Wo wohnen beziehungsweise arbeiten Ihre Kunden?

- Demografische Merkmale wie Alter, Geschlecht, Familienstand

- Soziografische Faktoren wie Einkommen, Kaufkraft, Bildungsstand, Berufstätigkeit

- Psychografische Faktoren wie Einstellungen, Werthaltungen und Persönlichkeitsmerkmale

Bei den verhaltensbezogenen Merkmalen geht es um

- das Informationsverhalten in Form von Mediennutzung und der jeweiligen Kommunikation,

- das Kaufverhalten: Wer kauft wann wo wie oft mit welchem Preisbewusstsein? und

- das Verwendungsverhalten: Wann, wo und wie nutzt der Kunde Ihre Leistung/Ihr Produkt?

Praxisbeispiel

Katrin Kämmer, Wedding Planner aus Berlin, beschreibt ihre Zielgruppe als heiratswillige Paare aus dem Großraum Berlin bis hin nach Hamburg, die um die 30 sind und in anspruchsvollen Berufen arbeiten. Warum? „Die legen Wert auf gute Beratung und erwarten ein hervorragendes Zeitmanagement, weil sie ja im Arbeitsleben stehen und zu wenig Zeit haben, sich selbst mit den Hochzeitsvorbereitungen zu beschäftigen."

Die Aufzählungen und die beiden Beispiele zeigen es bereits: Ein Patentrezept für die Zielgruppenabgrenzung gibt es nicht. Je nach Art Ihrer Leistung und abhängig von Ihren potenziellen Kunden können vollkommen unterschiedliche Kriterien beziehungsweise Kriterienkombinationen relevant sein. Um herauszufinden, was Ihre Kunden denn nun von anderen unterscheidet, brauchen Sie neben dem Wissen darüber, was Zielgruppen voneinander unterscheidet, auch eine gute Portion Erfahrung und Instinkt. Vermutlich werden Sie sich nach und nach Ihrer Zielgruppe oder auch Ihren verschiedenen Zielgruppen annähern, sie besser verstehen und immer gezielter ansprechen können. Falls Ihnen die genannten Kriterien nicht weiterhelfen, überlegen Sie speziell für Ihr Angebot: Wer könnte meine Leistung wirklich brauchen? Wie kann ich diese Menschen und Unternehmen identifizieren?

Wie Sie dabei vorgehen können, zeigt Ihnen das folgende Beispiel: Stellen Sie sich vor, Sie sind Musiker und wollen mit Kollegen als Jagdhornbläserquartett auftreten. Wer könnte an waidmännischer Musik anlässlich seiner Veranstaltungen interessiert sein? Und wie können Sie diese möglichen Interessenten finden?

- Jagdvereine: Die lassen sich im Internet recherchieren.

- Gastronomen mit entsprechendem Angebot: Prüfen Sie dazu beispielsweise, welche Gasthöfe in Ihrer Region ein rustikales Ambiente und Wildspezialitäten anbieten.

- Züchter von Jagd- und Militarypferden: Diese finden Sie zum Beispiel über eine Recherche in Fachzeitschriften oder im Internet.

- Händler und Hersteller, die Jagdzubehör anbieten: Suchen Sie im Internet mit dem Begriff „Jagdzubehör" und werten Sie die Anzeigen in den einschlägigen Zeitschriften aus.

- Messen, die Jagdfreunde ansprechen: Geben Sie die Suchbegriffe „Messe" und „Jagd" in Internetsuchmaschinen ein.

Denkbar wäre auch, dass Sie und Ihre Mitmusiker auf ländlichen Volksfesten und Weihnachtsmärkten spielen. Lassen Sie Ihrer Fantasie freien Lauf.

Neben den obengenannten Abgrenzungskriterien spielen noch andere generelle Faktoren bei der Zielgruppenbestimmung eine Rolle, über die Sie sich ebenfalls klar werden müssen.

Bedarf

Ihre Zielgruppe muss ein bestimmtes Bedürfnis oder Problem haben, für das Sie eine Lösung anbieten. Die betreffenden Personen müssen sich dieses Bedürfnisses oder Problems auch bewusst sein und eine Lösung dafür wollen. Ein Problembewusstsein erst zu erzeugen oder einen latent vorhandenen Bedarf zu wecken, das erfordert enorme Marketinganstrengungen, die Sie als Solo-Selbständiger weder nervlich noch finanziell stemmen können.

Abgrenzbarkeit

Sie müssen vor der Kontaktaufnahme eindeutig feststellen können, wer zu Ihrer Zielgruppe gehört und wer nicht. Nur dann können Sie punktgenau und budgetgerecht akquirieren. Andernfalls investieren Sie zu viel Zeit,

Energie und Geld für die Kontaktanbahnung zu Leuten, aus denen niemals Auftraggeber werden. Formulieren Sie daher die Kriterien, anhand deren Sie Ihre Zielgruppe abgrenzen, möglichst genau. Gehen Sie diesen Kriterienkatalog in Bezug auf Ihre Adressen und Interessenten durch, bevor Sie Kontakt aufnehmen.

Ansprechbarkeit

Es muss für Sie möglich sein, an die Kontaktdaten der einzelnen Personen aus Ihrer Zielgruppe heranzukommen. Andernfalls können Sie nicht akquirieren, sondern höchstens klassisch werben. Glücklicherweise gibt es viele verschiedene Wege, um die Kontaktdaten potenzieller Kunden zu recherchieren; mehr darüber erfahren Sie im Kapitel „4. Viele Wege führen zum Kunden".

Größe

Die Zielgruppe muss so groß sein, dass sie Ihnen genügend Aufträge und ein ausreichendes Einkommen gewährleistet. Zu weit fassen sollten Sie den Kreis der potenziellen Kunden aber auch nicht. Denn je breiter und heterogener Ihre Zielgruppe ist, desto weniger passgenau können Sie Ihr Angebot zuschneiden, desto weniger trennscharf wird Ihr USP und desto weniger Aufträge werden Sie letztlich an Land ziehen.

Finanzen

Was viele Selbständige unterschätzen: Ihre Zielgruppe muss nicht nur groß genug, sondern auch zahlungskräftig beziehungsweise -fähig sein. Und die Angehörigen dieser Zielgruppe müssen willens sein, Ihre Leistung adäquat zu bezahlen. Es hilft Ihnen nichts, wenn Ihre potenziellen Kunden Ihr Angebot gern wahrnehmen möchten, es sich aber nicht leisten können. Genauso wenig bringt es, wenn sie Sie zwar bezahlen könnten, es aber nicht wollen, weil sie zum Beispiel Ihre Leistung geringschätzen oder es gewohnt sind, sie kostenlos oder für sehr wenig Geld zu bekommen. Aus letzterem Grund scheitern übrigens nicht nur Anbieter von Bezahlangeboten im Internet, sondern auch viele, die haushaltsnahe Leistungen an den Mann oder die Frau bringen wollen.

Subfinale Zielgruppen

Manchmal sind Zielgruppen zwar grundsätzlich attraktiv, aber so groß und unorganisiert, dass man sie als Selbständiger nicht direkt erreichen kann.

Überlegen Sie in einem solchen Fall, ob Sie eine sogenannte subfinale Zielgruppe ausfindig machen und ansprechen können – das sind Personen, die im Markt zwischen Ihnen und Ihrer eigentlichen (finalen) Zielgruppe stehen. So geht zum Beispiel Christel Schultz vor, wenn sie ihre potenziellen Kunden ansprechen will. Sie kann bezüglich ihres Hundeshampoos nicht alle Besitzer weißer und langhaariger Hunde in Deutschland kontaktieren. Zum einen, weil es technisch gar nicht möglich ist, deren Adressen ausfindig zu machen. Zum anderen, weil die Zielgruppe viel zu groß ist, selbst wenn diese Recherche möglich wäre.

Deswegen konzentriert sie sich auf subfinale Zielgruppen: Versender für Hundefutter und -bedarf sowie Hundefriseure und -boutiquen. Diese Gruppe ist wesentlich überschaubarer, und die Adressen lassen sich leicht ermitteln. Zudem umfasst sie wegen ihres größeren Abnahmepotenzials Kunden, die wesentlich attraktiver sind als der einzelne Hundefreund mit seinem Pudel.

Übung

Bestimmen Sie Ihre Zielgruppe

Beantworten Sie ganz in Ruhe und schriftlich die folgenden Fragen, um Ihrer Zielgruppe näherzukommen:

- Welche Zielgruppe(n) wollen Sie mit welchen Leistungen ansprechen?

- Wie definieren Sie Ihre Zielgruppe(n)? (Bitte möglichst genau beschreiben!)

- Ist diese Zielgruppe groß und finanzkräftig genug, um für Sie rentabel zu sein?

- Besteht in dieser Zielgruppe ein (bewusster) Bedarf an Ihren Leistungen?

- Wie genau kennen Sie Ihre Zielgruppe? Welche zusätzlichen Informationen müssten Sie über sie haben, um Ihr Angebot noch passgenauer auf diese Gruppe zuzuschneiden?

- Wie und wo können Sie die Kontaktdaten von Angehörigen Ihrer Zielgruppe finden?

Multiplikatoren

Überlegen Sie zusätzlich, wer für Sie als Multiplikator infrage kommt. Ein Multiplikator ist jemand, der Ihre Akquise-Botschaft an viele andere Menschen weitergibt und so entscheidend zu ihrer Verbreitung beiträgt. Zu den klassischen Multiplikatoren gehören Journalisten. Wenn es Ihnen gelingt, einen Menschen aus dieser Zunft für Ihre Person und/oder Ihre Leistung zu interessieren, und wenn dieser einen Beitrag über Sie schreibt, erreichen Sie mit einem Schlag tausende Menschen, nämlich seine Hörer, Leser oder Zuschauer. Heute schon fast genauso bedeutend sind die Multiplikatoren, die sich im Internet beispielsweise als Blogger, Betreiber größerer Websites oder Moderatoren von Diskussionsforen zum Beispiel bei XING (www.xing.com) tummeln.

Neue Zielgruppen

Es ist wichtig, eine klar umrissene Zielgruppe zu haben und diese gezielt anzusprechen. Das heißt aber nicht, dass Sie für immer ausschließlich auf diese eine Zielgruppe fixiert bleiben müssen. Halten Sie die Augen offen und nehmen Sie neue Kundengruppen ins Visier, wenn es sich ergibt. Achten Sie aber darauf, dass auch sie den Anforderungen bezüglich Größe, Attraktivität, Erreichbarkeit und Finanzkraft genügen. Sie entwickeln sich weiter, Ihr Unternehmen wächst und verändert sich, warum also nicht neue Kundengruppen entdecken und erschließen?

Praxisbeispiel

Marion Ladich machte sich 2003 als Zirkuspädagogin mit Angeboten für Kinder und Jugendliche selbständig. Wie sie selbst sagt, hatte sie mit dieser Zielgruppe aus ihrer vorherigen Arbeit einfach am meisten Erfahrung. Im Lauf der Zeit stellte sie fest, dass Jugendgruppenleiter, Lehrer und viele andere Erwachsene ebenfalls vom Thema Zirkus fasziniert waren und sich auch gerne als Artisten betätigten. Außerdem wollte Marion Ladich gern eine finanzkräftigere Klientel ansprechen. Daraufhin konzipierte sie Team- und Führungskräftetrainings. Heute machen diese Erwachsenentrainings vom zeitlichen Umfang her bereits ein Drittel ihrer Tätigkeit aus.

Verzetteln sollten Sie sich allerdings nicht. Sie können zwei oder drei Kundengruppen mit ähnlichen oder auch verschiedenen Angeboten ansprechen, mehr nicht. Sonst besteht die Gefahr, dass Sie Ihre Positionierung verwässern und keine Kundengruppe mehr in Ihnen einen geeigneten Problemlöser sieht. Was Sie dagegen normalerweise ohne Schwierigkeiten und sogar recht erfolgreich tun können, ist, innerhalb Ihrer Zielgruppe bestimmte Untergruppen mit speziellen Angeboten anzusprechen.

Praxisbeispiel

Udo Siegl betreibt eine Werbeagentur in Kempten. Er grenzt seine Zielgruppe grundsätzlich durch Größe und Standort ab. Konkret zielt er auf folgende Kunden: Unternehmen mit fünf bis 50 Mitarbeitern im Raum Schwaben/Allgäu von Augsburg bis Lindau. Für sie erledigt er die klassischen Leistungen einer Full-Service-Werbeagentur. Ein spezielles zusätzliches Angebot hält er für kleine Versandhandelsunternehmen aus der Region bereit: nämlich eine datenbankgestützte Katalogproduktion.

So finden Sie Ihre potenziellen Kunden

Je nach Art Ihrer Leistung und abhängig von Ihrer Kapazität kann eine regionale Beschränkung zumindest für den Anfang der Selbständigkeit sinnvoll sein. Die Größe Ihres Einzugsgebiets ist nicht nur entscheidend, wenn die Arbeitsweise Ihres Unternehmens es erfordert, dass Ihre Kunden zu Ihnen kommen. Sie spielt auch bei solchen Leistungen eine Rolle, bei denen Sie mit Ihren Kunden öfter und/oder länger zusammenkommen müssen. Wenn Sie beispielsweise als Coach für Topmanager arbeiten, können Sie durch ganz Deutschland jetten und den Aufwand dafür in Rechnung stellen. Doch schon bei der zweiten Führungsebene schauen die Unternehmen auf die (Reise-) Kosten und nehmen gern einen Coach aus der Region. Außerdem können Sie mit wesentlich weniger Zeit- und Kraftaufwand mehr Kunden betreuen, wenn diese in Ihrer Nähe leben oder arbeiten.

Anders sieht die Sache natürlich aus, wenn Sie Ihre Leistung erstellen und liefern können, ohne sich direkt mit Ihren Kunden zu treffen. Eine Website programmieren oder einen Text schreiben, das lässt sich nach telefonischer Absprache problemlos deutschland- oder (je nach Sprachkenntnissen) europaweit erledigen. Eine geografische Abgrenzung würde dann unnötig einengen.

Messen, Kongresse, Netzwerktreffen

Gibt es Orte, an denen sich Ihre potenziellen Kunden bevorzugt aufhalten? An denen Sie viele von ihnen auf einen Schlag finden und ansprechen können? Denken Sie an Messen, Kongresse, Symposien, Netzwerk- und Verbandstreffen sowie an virtuelle Treffpunkte wie Branchen- oder Themenforen im Internet. Dort sollten auch Sie sich einfinden.

Nutzen Sie solche Treffpunkte und Veranstaltungen wenigstens zur Adresssammlung, besser noch als Ausgangspunkte für Ihre Akquise. Wenn Sie beispielsweise den Ausstellerkatalog einer Messe analysieren, können Sie dutzende qualifizierter Adressen gewinnen und bei guter Vorbereitung während der Messe fast ebenso viele fundierte Akquise-Gespräche führen. Auch sonst sollten Sie als Veranstaltungsbesucher Adressen und Visitenkarten sammeln wie ein Eichhörnchen Nüsse. Beim späteren Akquise-Telefonat können Sie dann leicht an das beim Kartentausch geführte Gespräch anknüpfen, wodurch sich Ihre Chancen erhöhen.

Wichtig: Gewöhnen Sie sich am besten von Anfang an eine gründliche Nachbereitung solcher Termine an: Notieren Sie zum Beispiel noch am gleichen Abend oder am Tag danach zu jeder erhaltenen Visitenkarte, worüber Sie mit dem Besitzer gesprochen haben und welche Leistung für ihn womöglich infrage kommt.

Recherche im Internet

Firmenkunden und Organisationen können Sie mit ein paar gut kombinierten Suchbegriffen im Internet finden. Jedes einigermaßen markttüchtige Unternehmen hat eine Website, auf der neben den Kontaktdaten wertvolle Informationen über den Betrieb, seine Geschichte, seine Größe und sein Leistungsprogramm zur Verfügung stehen. Zudem stellen sie Kooperationspartner vor und verlinken sich zu diesen. Weitere Kontakte finden Sie, indem Sie nach Presseartikeln zu bestimmten Themen suchen. Auch den richtigen Ansprechpartner für Ihre Leistungen innerhalb einer Firma finden Sie oft im Web. Organisationen, Vereine, Berufs- und Branchenverbände stellen darüber hinaus häufig eine Liste ihrer Mitglieder ins Web.

Nutzen Sie zudem die Teilnehmerlisten von Veranstaltungen Ihrer Zielgruppe, wie sie zum Beispiel bei XING zu finden sind. Die Mitgliederverzeichnisse der XING-Gruppen bieten ebenfalls die Möglichkeit, Adressen von potenziellen Kunden zu suchen. Wählen Sie hier gezielt geeignete Akquise-Adressaten aus, wenn Sie in diesem Netzwerk aktiv sind.

IHK-Firmendatenbanken

So lästig die IHK-Zwangsmitgliedschaft für viele Betriebe auch ist, ein paar Vorteile hat sie doch. Einer davon besteht darin, dass die IHKs immer über einen vollständigen und aktuellen Datenbestand verfügen und diesen für die Geschäftsanbahnung zur Verfügung stellen. Suchen Sie auf der Website Ihrer IHK nach dem Begriff „Firmendatenbank" oder „Firmenverzeichnis". Anzumerken ist, dass die Nutzungsbedingungen je nach Bundesland und IHK verschieden sind.

Ein recht nützliches Angebot gibt es in Bayern, in Berlin und in Baden-Württemberg. Dort können Sie jeweils auf einer zentralen Website für das Land Regionen und Stichwörter eingeben. 20 zufällig ausgewählte Betriebe werden Ihnen mit kompletter Anschrift, Kontaktdaten und Angaben zu Branche sowie Unternehmensgröße genannt – kostenlos! Wollen Sie den kompletten Adressbestand einer Branche und/oder Region für Ihre Akquise-Zwecke verwenden, können Sie ihn bei der IHK gegen eine – vergleichsweise geringe – Nutzungsgebühr bekommen. 500 Adressen kosten 0,30 Euro je Stück, bei größeren Mengen sinken die Stückpreise. Die Web-Adressen lauten:

Baden-Württemberg	www.bw-firmen.ihk.de
Bayern	www.firmen-in-bayern.de
Berlin	http://firmendaten.berlin.ihk.de

Adressbroker

Neben den IHKs gibt es etliche private Unternehmen, die Geschäfts- und Privatadressen zur Nutzung feilbieten. Einer der bekanntesten Adressbroker ist die Schober Information Group (www.schober.de). Mehr Links zu Adressbrokern finden Sie im Internet unter www.jeder-ist-unternehmer.de/adresshaendler. Dort können Sie Adressen nach den verschiedensten unternehmensspezifischen sowie geo-, sozio- und demografischen Kriterien auswählen und für die einmalige Nutzung mieten. Nach meiner Erfahrung ist hier aber die Gefahr groß, eine Menge Geld für nicht unbedingt ganz aktuelle und zudem werblich bereits überstrapazierte Adressen auszugeben. Dieser Weg lohnt sich nur, wenn Sie ein großes Budget haben und relativ große Streuverluste in Kauf nehmen wollen.

Bedenken Sie auch: Als Solo-Selbständiger brauchen Sie keine riesigen Adresspotenziale. Ihnen reichen bei Firmenkunden vergleichsweise wenige, dafür aber gut qualifizierte und vorab im Detail recherchierte Adressen. Die können Sie sich selbst über eine gründliche Suche besser und vor allem günstiger beschaffen, als wenn Sie die Dienstleistung eines Adressbrokers in Anspruch nehmen.

Der Weg zu Privatkunden

Wenn Sie mit Ihrem Angebot Privatkunden ansprechen wollen, sollten Sie als Akquise-Strategie vorwiegend darauf setzen, dass an Ihrer Leistung Interessierte auf Sie aufmerksam werden und so den Weg zu Ihnen finden. Das ist wesentlich billiger und wirksamer, als etwa Massenmailings an Privatadressen zu versenden. Ausführlichere Informationen zu diesem Thema finden Sie im Kapitel „8. Setzen Sie auch auf Networking und Empfehlungen".

Die Kunden selbst

Was bei der Akquise-Planung häufig vergessen wird: Adressen können Sie auch von Ihren potenziellen Kunden selbst bekommen. Natürlich geben sie Ihnen diese nur gegen eine Gegenleistung. Ein klassischer Fall ist ein Gewinnspiel. Die Teilnehmer hoffen auf einen Gewinn und überlassen dem Anbieter dafür ihre Adresse. Wenn Sie attraktive Gewinne zur Verfügung stellen, können Sie viele Adressen generieren. Dafür müssen Sie aber auch viel Geld ausgeben und riskieren einen großen Anteil an „Trittbrettfahrern", die zwar gern gewinnen wollen, sich aber kein bisschen um Sie und Ihre Leistung scheren.

Echte Interessenten ziehen Sie eher mit einem gezielten Angebot an, etwa mit einem (kostenlosen!) E-Mail-Newsletter, der auf Ihrer Website abonniert werden kann, oder mit Gutscheinen, die potenzielle Kunden herunterladen und dann bei Ihnen gegen eine Leistung eintauschen können. Nicht zuletzt können Sie Ihre bestehenden Kunden bitten, Ihnen die Adressen von Kollegen, Freunden und Bekannten zu nennen, die vielleicht Interesse an Ihrer Leistung haben. Der Vorteil dieser Art der Adressgewinnung ist, dass die Adressen topaktuell und Sie den Kunden wenigstens namentlich bekannt sind, sodass die Akquise-Hürden für Sie niedriger werden.

Exkurs: Zur Rechtslage bei der Akquise

Apropos Hürden: Ein paar gibt es schon. Sie dürfen nämlich nicht ohne weiteres jede Adresse für Ihre Akquise verwenden. Gesetzlich geregelt ist das im § 7 des Gesetzes gegen den unlauteren Wettbewerb (UWG).

„§ 7 Unzumutbare Belästigungen

(1) Unlauter im Sinne von § 3 handelt, wer einen Marktteilnehmer in unzumutbarer Weise belästigt.

(2) Eine unzumutbare Belästigung ist insbesondere anzunehmen

1. bei einer Werbung, obwohl erkennbar ist, dass der Empfänger diese Werbung nicht wünscht;

2. bei einer Werbung mit Telefonanrufen gegenüber Verbrauchern ohne deren Einwilligung oder gegenüber sonstigen Marktteilnehmern ohne deren zumindest mutmaßliche Einwilligung;

3. bei einer Werbung unter Verwendung von automatischen Anrufmaschinen, Faxgeräten oder elektronischer Post, ohne dass eine Einwilligung der Adressaten vorliegt;

4. bei einer Werbung mit Nachrichten, bei der die Identität des Absenders, in dessen Auftrag die Nachricht übermittelt wird, verschleiert oder verheimlicht wird oder bei der keine gültige Adresse vorhanden ist, an die der Empfänger eine Aufforderung zur Einstellung solcher Nachrichten richten kann, ohne dass hierfür andere als die Übermittlungskosten nach den Basistarifen entstehen.

(3) Abweichend von Absatz 2 Nr. 3 ist eine unzumutbare Belästigung bei einer Werbung unter Verwendung elektronischer Post nicht anzunehmen, wenn

1. ein Unternehmer im Zusammenhang mit dem Verkauf einer Ware oder Dienstleistung von dem Kunden dessen elektronische Postadresse erhalten hat,

2. der Unternehmer die Adresse zur Direktwerbung für eigene ähnliche Waren oder Dienstleistungen verwendet,

3. der Kunde der Verwendung nicht widersprochen hat und

4. der Kunde bei Erhebung der Adresse und bei jeder Verwendung klar und deutlich darauf hingewiesen wird, dass er der Verwendung jederzeit widersprechen kann, ohne dass hierfür andere als die Übermittlungskosten nach den Basistarifen entstehen."

Das heißt für Sie konkret: Sie müssen grundsätzlich unterscheiden, ob bereits eine Kunden- oder Interessentenbeziehung besteht oder nicht. Im ersten Fall (es gibt bereits eine Geschäftsbeziehung, oder der Kunde hat Ihnen seine Adresse freiwillig übermittelt und sein Interesse an Angeboten bekundet) können Sie nach Herzenslust schreiben, anrufen, mailen, faxen oder persönlich vorbeischauen, solange der so Umworbene Ihnen das nicht ausdrücklich verbietet. Im zweiten Fall handelt es sich um sogenannte Kaltakquise, die im Rahmen dieses Buches als Regelfall behandelt wird. Dann gelten folgende Regelungen.

Akquise über persönlich adressierte Briefe

Die dürfen Sie immer betreiben. Ausnahme: Der Empfänger teilt Ihnen mit, dass er keine weiteren Briefe mehr von Ihnen zu erhalten wünscht. Daran müssen Sie sich dann halten. Andernfalls liefern Sie einen Grund für eine Abmahnung.

Akquise per Telefon

Privatkunden dürfen Sie nicht zu Hause anrufen, wenn sie Ihnen das nicht ausdrücklich erlaubt haben. „Kalte" Anrufe bei Geschäftskunden sind grundsätzlich auch verboten. „Grundsätzlich" bedeutet unter Juristen immer, dass es Ausnahmen gibt. Die Ausnahme bei Geschäftskunden besteht darin, dass Sie sie anrufen dürfen, wenn sie „mutmaßlich" an Ihrem Angebot interessiert sein könnten. Wann das der Fall ist, wurde bisher nicht eindeutig geklärt, die Grenzen sind fließend. Aber es ist diese Lücke, in die Sie mit Ihrer – gut gezielten! – Telefonakquise stoßen können.

Akquise per Fax und E-Mail

Im Rahmen der Kaltakquise dürfen Sie weder Faxe noch E-Mails versenden, weder an Privat- noch an Geschäftsleute. Wie Sie trotzdem rechtlich einwandfrei per E-Mail akquirieren, erfahren Sie im Kapitel „7. So funktioniert Akquise im Internet".

Unabhängig von der Rechtslage ist es ohnehin nicht sinnvoll, Menschen, die kein Interesse an Ihrer Leistung haben, werblich zu belästigen. Ihr Ziel besteht ja darin, Menschen anzusprechen, die einen Nutzen in Ihrer Leistung sehen und deswegen zu Kunden werden wollen. Deswegen werden Sie Privatkunden ohnehin nur kontaktieren, wenn sie Ihnen ihre Kontaktdaten freiwillig überlassen haben, und Geschäftskunden nur, wenn sie aller Wahrscheinlichkeit nach brauchen können, was Sie anbieten.

Qualifizieren Sie Ihre Kontakte sorgfältig

Nicht jeder, der auf einer Messe für Ihre Branche ausstellt oder in einem Verbandsverzeichnis auftaucht, ist ein geeigneter Kunde für Sie. Deshalb ist es ratsam, die gesammelten Adressen Schritt für Schritt zu qualifizieren: Prüfen Sie, ob diese Kontakte wirklich zu Ihrer Zielgruppe gehören. Informieren Sie sich dazu über Tätigkeitsgebiete und Leistungsprogramme, überlegen Sie, ob die fragliche Person oder das Unternehmen zu Ihnen als Kunde passen könnte. Nur wer diesem Kriterium entspricht, sollte bei den wertvollen Adressen einsortiert und von Ihnen kontaktiert werden.

Stellen Sie sich diesen Prozess wie einen Trichter vor: Oben schütten Sie alle mehr oder weniger unspezifisch gesammelten Adressen hinein, unten kommen nach dem Durchlaufen der Filter wenige, aber qualifizierte Adressen heraus, die Ihnen als Basis für Ihre Akquise dienen. Diese Adressen und Kontakte gehören zum Wertvollsten, das Sie als Selbständiger haben. Sie sollten sie hüten und pflegen wie einen Schatz, sie zentral verwalten und Änderungen sowie Neuzugänge laufend einpflegen. Ganz klar: Selbst mit bester Qualifizierung wird nicht aus jedem Kontakt ein Kunde. Aber Sie können Ihre Erfolgsaussichten dadurch deutlich verbessern.

Umfang der Kontaktdaten

Bei Privatkunden reichen der Name, die vollständige Adresse, Telefonnummer und E-Mail-Adresse. Bei Firmenkunden sollten Sie zusätzlich den zuständigen Ansprechpartner nebst Durchwahl und persönlicher E-Mail-Adresse festhalten. Hilfreich ist es, zusätzlich die Branche (es sei denn, Sie arbeiten ohnehin nur mit Unternehmen einer einzigen Branche), die Unternehmensgröße und das Leistungsprogramm beziehungsweise Sortiment zu notieren.

Halten Sie am besten auch den Akquise-Verlauf für jeden einzelnen Kontakt fest. Idealerweise schreiben Sie immer dazu, wann Sie sich in welcher Form (schriftlich, telefonisch ...) mit welchem „Aufhänger" oder konkreten Angebot an welchen Ansprechpartner gewandt haben und was dabei herauskam. Je größer Ihr Adressbestand wird, desto schwieriger ist es, sich später an solche Einzelheiten zu erinnern.

Die Erfolgsformel

Welche Erfolgsquote können Sie realistisch gesehen überhaupt bei Ihrer Akquise erwarten? Bei der Kaltakquise gehen viele Profis von der Formel zehn zu drei zu eins aus. Das heißt: Sie rechnen damit, aus zehn *Kontakten* (zum Beispiel Besuchen, Anrufen oder Briefen) drei *Interessenten* zu gewinnen, von denen einer später tatsächlich zum *Kunden* wird. Hängen Sie die Messlatte für sich selbst nicht zu hoch: Wenn Sie als „Anfänger" bei einem oder zwei von zehn Akquise-Versuchen ein interessantes Gespräch führen können, ist das bereits eine tolle Leistung! Nutzen Sie die „Erfolgsformel" umgekehrt auch, um den Umfang Ihrer Akquise-Aktivitäten zu planen. Wenn Sie ein oder zwei Interessenten (als Fortgeschrittener drei) pro Woche gewinnen wollen, müssen Sie jede Woche konsequent zehn Kontaktversuche starten. Falls Sie mehr Interessenten erreichen wollen, erhöht sich der Aufwand entsprechend.

Die angegebene Formel liefert natürlich nur einen Richtwert, wenn auch einen, der sich immer wieder als realistisch erweist. Dennoch kann es auch ganz anders laufen. Besser. Dieses Buch beispielsweise habe ich einem einzigen Verlag angeboten. Und genau der hat es angenommen. Natürlich war dabei auch eine Portion Glück im Spiel, aber aufgrund meiner Vorrecherchen war ich mir sicher, dass genau dieses Buch in genau dieser Reihe des Linde-Verlags gut aufgehoben wäre. Akquise kann aber auch schlecht laufen, manchmal spielt dabei schlicht Pech eine Rolle. Doch auch handwerkliche Fehler kommen vor, wenn zum Beispiel nicht die richtigen Leute oder diese nicht in der passenden Weise angesprochen werden. Derartige Fehlgriffe werden Ihnen hoffentlich nach der Lektüre dieses Buchs nicht mehr passieren.

Was kaufen Ihre Kunden?

Peter F. Drucker, der in diesem Buch bereits zu Wort gekommen ist, hat es auf den Punkt gebracht: „Der Kunde kauft niemals nur ein Produkt. Er kauft stets einen Nutzen." Warum zum Beispiel haben Sie dieses Buch gekauft? Weil ich es geschrieben habe? Weil Sie wissen, dass ich gern schreibe? Weil es traurig für mich wäre, wenn niemand mein Buch kaufen würde? Sicher nicht, obwohl das durchaus ehrenhafte Gründe wären. Sie haben das Buch gekauft, weil Sie endlich dieses lästige Problem mit der Akquise in den Griff kriegen wollen: Sie erwarten sich von der Lektüre nützliche Informationen und Hilfe bei der Gewinnung von Kunden und

Aufträgen. Genauso geht es Ihren Kunden. Niemand kauft etwas bei oder von Ihnen, um Ihnen einen Gefallen zu tun. Kunden kaufen Nutzen – und das ist ihr gutes Recht.

Doch viele Menschen tun sich schwer mit dieser Erkenntnis. Mein Mann ist Inhaber eines Einzelhandelsunternehmens. Kürzlich zeigte er mir ein Bewerbungsschreiben, das er erhalten hatte. Darin hieß es sinngemäß, die Bewerberin sei gelernte Industriekauffrau und wohne seit einiger Zeit im Nachbarort. Sie sei es leid, täglich die 50 Kilometer zu ihrer bisherigen Arbeitsstelle zurückzulegen, weil das so lange Fahrtzeiten mit sich bringe. Deshalb bewerbe sie sich im Betrieb meines Mannes. Sie hatte kein Wort über sein Unternehmen geschrieben oder dazu, was sie für ihn leisten und inwieweit sie eine Bereicherung sein könnte. In seiner naiven Ehrlichkeit war das Schreiben beinahe anrührend. Erfolgreich war es nicht. Mein Mann schrieb eine höfliche Absage.

Zugegeben, das ist ein extremes Beispiel. Aber so mancher Selbständige geht mit einer ähnlichen Einstellung an die Akquise heran: „Ich möchte diesen Auftrag haben, weil …" Oder, noch verkrampfter: „Ich muss diesen Auftrag unbedingt bekommen, weil …" Manchmal rutscht dieser Satz sogar im Gespräch mit einem Kunden heraus – das ist tödlich! So verständlich die Orientierung an den eigenen Bedürfnissen ist, sie führt nicht zum Ziel. Aufträge bekommen Sie auf diese Art nicht.

Welche Bedürfnisse haben Ihre Kunden?

Im vorigen Kapitel haben Sie über Ihre Positionierung und Ihren USP nachgedacht. Überlegen Sie nun, ob und inwieweit diese für Ihren Kunden erkennbar sind und Nutzen versprechen. Was bieten Sie an? Welche Probleme des Kunden lösen Sie mit Ihren Produkten oder Dienstleistungen? Auf welche Bedürfnisse reagieren Sie damit?

Kommen wir auf das Beispiel mit dem Buchkauf zurück. Dieses Buch lesen Sie, weil Sie problemloser und erfolgreicher akquirieren wollen. Warum wollen Sie das? Letztlich, weil Sie sich damit das Arbeitsleben leichter machen, mehr Erfolg haben und zudem mehr verdienen möchten. Hinter Ihrem Kauf standen also mindestens zwei Bedürfnisse: zum einen der Wunsch nach Bequemlichkeit/Arbeitserleichterung, zum anderen der nach Erfolg und einem größeren Gewinn. Mehr Gewinn heißt gleichzeitig mehr (finanzielle) Sicherheit und verspricht damit die Erfüllung eines dritten zentralen Bedürfnisses.

Verweilen Sie geistig ruhig noch ein wenig länger in einer Buchhandlung. Warum stöbern Sie zum Beispiel bei den Gesundheitsratgebern und Kochbüchern? Weil das Ihr Bedürfnis nach Gesundheit und Wohlbefinden anspricht. Blättern Sie anschließend noch in den Krimis und Romanen? Dahinter stecken die Befriedigung Ihres Neugiertriebs sowie das Bedürfnis nach Unterhaltung und Zerstreuung. Vielleicht spielt sogar der Wunsch nach sozialer Anerkennung eine Rolle – schließlich wollen Sie im Freundeskreis mitreden können, wenn über die neuesten Bestseller diskutiert wird. Wenden Sie sich anschließend noch den religiösen oder esoterischen Büchern zu? Ihr Bedürfnis nach Spiritualität und persönlicher Weiterentwicklung hat Sie dorthin gelockt.

Übung

Ergründen Sie die Bedürfnisse Ihrer Kunden

Befassen Sie sich mit den folgenden Fragen und notieren Sie Ihre Ergebnisse dazu.

- Welche Bedürfnisse Ihrer Kunden spricht Ihr Angebot an? Vorstellbar sind zum Beispiel folgende:
  - Sicherheit
  - Soziale Zugehörigkeit
  - Anerkennung/Status
  - Bequemlichkeit/Arbeitserleichterung
  - Neugier/Zerstreuung
  - Persönliche Weiterentwicklung
  - Gewinn
  - Eine Kombination aus mehreren Bedürfnissen
- Welche dieser Bedürfnisse sind so zentral, dass sie eine Kaufentscheidung auslösen können?

Wenn Sie keine Privatkunden, sondern Geschäftskunden ansprechen, sieht die Sache nur wenig anders aus – auch hier stehen die Bedürfnisse Ihrer Zielgruppe im Vordergrund. Sie brauchen lediglich zu überlegen, was hinter den Aufträgen steckt, die Sie an andere Dienstleister vergeben. Sie wollen eine Website programmieren lassen? Die brauchen Sie als ein Akquise-Instrument, der Auftrag entspringt also letztlich Ihrem Gewinnmotiv. Ein Büroservice arbeitet für Sie? Das dient einerseits der Arbeitserleichterung und andererseits, weil es auch darum geht, die Kosten vertretbar zu halten, wiederum Ihrem Gewinnmotiv. Sie haben einem Anwalt ein Mandat erteilt, um Ihre Verträge zu entwerfen und zu prüfen? Da ist Ihr Wunsch nach Sicherheit am Werk.

Setzen Sie Ihre Stärken in Nutzenargumente um

Beim Stöbern in der Buchhandlung oder wenn Sie gezielt nach einer Problemlösung suchen, nehmen Sie sich Zeit und bewerten die offenstehenden Alternativen ausgiebig. Dabei kommen die verschiedensten Aspekte, die für Sie von Bedeutung sind, zum Tragen. Die Menschen, die bereits auf der Suche nach jemandem wie Ihnen sind, werden Ihr Angebot von sich aus vielleicht ebenso sorgfältig prüfen. Alle anderen aber nicht. Wenn Sie im Rahmen der Akquise den ersten Kontakt zum Kunden herstellen, haben Sie normalerweise nicht gleich seine volle Aufmerksamkeit. Sie sind einer von vielen Anrufern, Absendern oder Gesprächspartnern. Daher müssen Sie sein Interesse erst einmal wecken. Das geht am besten, wenn Sie gleich zu Beginn mit starken Nutzenargumenten auftrumpfen können, die den Kunden ansprechen, weil sie an seine Bedürfnisse rühren. Die folgende Tabelle führt einige Beispiele dazu auf.

Angebot	Nutzen für den Kunden	Angesprochenes Bedürfnis
Wedding Planner	Alles aus einer Hand, schöne Hochzeit ohne großen Stress	Bequemlichkeit/Arbeitserleichterung Soziale Anerkennung/Status (wegen des gelungenen Fests)
Imageberatung	Besser aussehen, souveräner auftreten, Fehlkäufe bei Kleidung vermeiden	Soziale Anerkennung/Status Sicherheit Geldersparnis (Gewinnmotiv)
Datenbankgestützte Katalogproduktion	Wegen zentraler Datenpflege schnellere und kostengünstigere Produktion möglich	Bequemlichkeit/Arbeitserleichterung Geldersparnis (Gewinnmotiv)
Zirkuspädagogik	Spaß haben, Neues wagen, sich und seine Grenzen erfahren, Zusammenarbeit mit anderen verbessern	Neugier/Unterhaltung Persönliche Weiterentwicklung Soziale Anerkennung
Texten/das Optimieren von Texten	Wirksame und sprachlich wie orthografisch korrekte Texte ohne großen eigenen Aufwand	Erfolg/Gewinn Sicherheit Bequemlichkeit/Arbeitserleichterung

Sobald Sie es geschafft haben, Ihr Angebot mit den Augen Ihrer Kunden zu sehen, werden Sie bei der Akquise nicht länger die Eigenschaften Ihrer Produkte und Leistungen in den Vordergrund stellen, sondern den Kundennutzen. Die Werbeagentur Siegl aus Kempten beispielsweise könnte mit ihrem Angebot bei der Zielgruppe „kleine Versandhändler" geschwurbelt für ihre „innovative Database-Publishing-Lösung mit zentraler Datenpflege nach dem Prinzip ‚create once – produce many'" werben. Sie bräuchte sich dann aber nicht zu wundern, wenn die so Angesprochenen daraufhin nur desinteressiert mit den Achseln zucken. Ganz anders sieht es aus, wenn den potenziellen Kunden klar wird, was für ein tolles Angebot eigentlich dahintersteckt: „Sie sparen sich eine Menge Arbeit bei der Datenpflege, können Kataloge viel schneller produzieren als bisher, und das auch noch zu deutlich niedrigeren Kosten."

Übung

Welchen Nutzen erzeugen Sie?

Formulieren Sie schriftlich, und zwar so einfach wie möglich: Welche(n) konkreten Nutzen hat Ihre Leistung für Ihre Kunden?

Was wissen Sie über die Wünsche Ihrer Zielgruppe(n)?

Ihr Kopf weiß, dass Kunden die wichtigsten Menschen im Unternehmerleben sind, weil sie es sind, die Ihr Einkommen finanzieren. Aber Ihr Bauchgefühl sagt manchmal vielleicht etwas völlig anderes. Kunden können ganz schön schwierig sein. Zuerst muss man sie überhaupt einmal mühsam gewinnen, und dann stellen sie dauernd neue Ansprüche, mäkeln herum, sind unzuverlässig, feilschen oder wollen nicht zahlen. Allzu schnell werden Kunden unter schwierigen Umständen als notwendiges Übel, als Melkkuh oder sogar als Feind betrachtet.

Kunden sind Menschen. Wie Sie und ich. Und letztlich wollen wir alle dasselbe. Wir wollen Geschäftspartner, die gute Leistungen zu einem angemessenen Preis erbringen, die zuverlässig sind, ehrlich und sympathisch. Wir wollen, dass sie unsere Bedürfnisse und Wünsche ernst nehmen und sich bemühen, sie zu erfüllen. Hingegen wollen wir nicht nach Schema F abgefertigt werden, nichts aufgeschwatzt bekommen und keine überhöhten Preise zahlen. Wenn wir uns gut beraten und bedient fühlen, begleichen wir die Rechnung auch ohne Murren.

Der Bund der Verbraucher hat dazu einige interessante Umfrageergebnisse veröffentlicht. Demnach wechseln weniger als zehn Prozent der Kunden wegen des Preises zu einem anderen Anbieter. Immerhin 14 Prozent entscheiden sich wegen einer Beschwerde, die ergebnislos blieb, für einen Anbieterwechsel. Stolze 68 Prozent unternahmen diesen Schritt, weil sie das Gefühl hatten, nicht genug beachtet zu werden. Das zeigt: Kunden wollen Wertschätzung. Etwa 80 Prozent der Befragten bemängelten zudem, dass die Verkäufer sich ihrer Meinung nach mehr für den schnellen Umsatz als für die Zufriedenheit ihrer Kunden interessierten. Gut zwei Drittel der Befragten fühlten sich bei den von ihnen beauftragten Dienstleistern nicht wirklich willkommen.

Diese Daten wurden mit Privatkunden ermittelt, aber auch Geschäftskunden ticken nicht anders. Bei ihnen kommt allerdings eine Bedürfnisebene hinzu: Sie wollen mit ihrer Leistung wiederum Bedürfnisse anderer Menschen, nämlich ihrer (internen und externen) Kunden erfüllen. Denken Sie daher darüber nach, was Sie tun können, um Ihren Geschäftskunden zu helfen, deren Kunden zufriedenzustellen. Wenn Sie Ihr Angebot daraufhin abstimmen, schaffen Sie noch größeren Nutzen für Ihre Kunden und werden noch erfolgreicher sein.

Unterschätzen Sie die menschliche Ebene nicht

Ihre Kunden merken es, wenn Sie sie mögen. Sie spüren es, wenn Sie sich ehrlich für sie interessieren und sich ins Zeug legen, um Nutzen für sie zu schaffen. Das ist ein Vorteil, den Sie als Solo-Selbständiger gegenüber anderen, größeren Anbietern haben: Sie können zu Ihren Kunden eine echte persönliche Beziehung aufbauen. Gute Kunden können auch manchmal so etwas wie Freunde werden.

Glauben Sie ja nicht, dass das keine Rolle spielt, weil im Geschäftsleben letztlich doch immer Preis und Leistung entscheiden. Das stimmt nur in BWL-Lehrbüchern, durch die das Konstrukt des rein nach rationalen Kriterien entscheidenden Homo oeconomicus geistert. Im richtigen Leben sieht die Sache anders aus. Bei einem unsympathischen Widerling kauft auch ein Geschäftskunde nur, wenn er muss, weil es keine Alternative gibt. Aber wann ist das schon der Fall? Fast jede Leistung wird gleichartig oder ähnlich auch von anderen angeboten. Dann ist es eben doch der menschliche Faktor, der entscheidet. Und wegen dem womöglich sogar ein höherer Preis für die gleiche Leistung in Kauf genommen wird.

Lassen Sie problematische Kunden ziehen

Natürlich kann es vorkommen, dass Sie mit einem Kunden nicht so gut klarkommen. Dass die berühmte Chemie eben nicht stimmt und sich Probleme ergeben, weil nur Sie der Ansprechpartner für Ihren Kunden sind und sein können. In einem solchen Fall sollten Sie lieber auf den Auftrag verzichten, wenn Sie auf ihn nicht unbedingt angewiesen sind. Empfehlen Sie dann lieber einen Kollegen, der Ihren Kunden vielleicht genauso gut zufriedenstellen kann oder besser mit ihm zurechtkommt. Oder holen Sie einen Kooperationspartner ins Boot, der den Kontakt mit dem Kunden abwickelt.

Betrachten Sie die Zusammenarbeit mit diesem Menschen als lehrreiche Erfahrung, aber binden Sie sich nicht an ihn, nur weil Sie keinen Auftrag verlieren wollen. Keinesfalls sollten Sie dauerhaft für Kunden arbeiten, die Ihnen nicht liegen. Das kostet Energie, zehrt an den Nerven und bringt mehr Ärger, als das verdiente Geld wert ist.

Legen Sie Ihre Kundenbeziehungen langfristig an

Dieser Ratgeber will Ihnen vorrangig dabei helfen, neue Aufträge mit neuen Kunden zu gewinnen. Dabei spielen aber häufig auch „alte" Kunden eine nicht unwesentliche Rolle. Deshalb sollten Sie bei jeder Geschäftsanbahnung nicht nur den einen aktuellen Auftrag, sondern auch mögliche Folgegeschäfte im Blick haben. Meistens zahlt es sich aus, auch mal mehr zu machen, als man müsste, nicht jede Kleinigkeit in Rechnung zu stellen und ein paar private Worte zu wechseln. Wenn es Ihnen gelingt, eine echte Beziehung zu einem Kunden aufzubauen und diese über das geschäftlich Notwendige hinaus zu pflegen, werden Sie diesen Menschen bestimmt wiedersehen. Selbst wenn das eigentlich gar nicht unbedingt zu erwarten wäre. Das lohnt sich nicht nur finanziell, Selbständigkeit macht so auch viel mehr Spaß.

Anke Tielker ist seit 2002 als Existenzgründungsberaterin und -coach selbständig. Eine Existenzgründungsbegleitung umfasst etwa zehn Beratungstermine, die sich über ein halbes Jahr erstrecken. Ein klassischer Fall also für Einmal-und-nie-wieder-Kunden?

„Natürlich habe ich keinen festen Kundenstamm, der über Jahre immer wieder bei mir kauft. Da ist schon viel Wechsel drin. Aber etwa 60 Prozent der Kunden, die ich bei der Gründung begleitet habe, um sie anzuschieben und zu motivieren, melden sich nach ein oder zwei Jahren wieder. Sie haben ihr Geschäft dann ins Laufen gebracht und festgestellt, dass sie nun fachliche Unterstützung dabei brauchen, die Dinge zu kanalisieren und zu optimieren. Und wenn sie sich bei mir gut beraten gefühlt haben, kommen sie deswegen eben wieder zu mir. Ein weiterer Vorteil ist: Diese Kunden haben ja auch wieder Kunden und Kontakte. Das bringt mir zusätzlich neue Kunden über Empfehlungen."

Halten Sie also den Kontakt zu „alten" Kunden, auch wenn Sie derzeit keinen weiteren Auftrag erwarten können. Ab und zu ein Anruf oder eine E-Mail genügt. Denken Sie an diese Kunden, wenn Sie zum Beispiel neue Leistungen in Ihr Portfolio aufnehmen. Erzählen Sie, woran Sie arbeiten und was Sie für Ihr Gegenüber zusätzlich tun könnten. Gehen Sie nicht davon aus, dass Ihre Kunden das doch längst schon von allein erkannt haben.

Mir ist das in folgender Situation klar geworden: Bei einem eigentlich privaten Aufenthalt in Berlin vereinbarte ich einen Termin – nur mal so zum Kennenlernen – mit einer Redakteurin, für die ich schon seit Jahren arbeite. Zuvor hatten wir nur per Telefon Kontakt gehabt. Wir tranken eine Tasse Kaffee zusammen, plauderten über dies und das und entwickelten ganz nebenher ein paar Ideen für neue Themen und Formate. Kommentar der Redakteurin: „Schön, dass wir uns endlich kennengelernt haben. Ich wusste gar nicht, wie viele Themen Sie bearbeiten. Sie können ja viel mehr für uns tun, als ich gedacht hätte!"

So legen Sie den Preis für Ihre Leistung fest

Das Thema Preise bereitet vielen Selbständigen Kopfzerbrechen. Und das, obwohl die meisten einen Businessplan geschrieben haben und damit eine Zahlenbasis zur Verfügung haben. Sicher haben auch Sie Umsätze, Kosten, Liquidität und Privatentnahmen geplant. Sie wissen also, wie viel Umsatz

Sie erzielen müssen. Wahrscheinlich haben Sie auch die Stückkosten oder einen Stundensatz auf Basis Ihrer Kosten kalkuliert. Und bestimmt haben Sie überlegt, welche Preise Sie am Markt durchsetzen können. Das herauszufinden ist aber gar nicht so einfach. Oft setzen zukünftige Unternehmer aus lauter Angst vor der Konkurrenz die Preise zu niedrig an. Deshalb sollten Sie, bevor Sie in die Akquise gehen, noch einmal intensiv über Ihre Preisgestaltung nachdenken.

Ausgangspunkt Ihrer Überlegungen ist immer der Nutzen für den potenziellen Kunden. Peter F. Drucker fasst dies so zusammen: „Welchen Wert er Produkten oder Dienstleistungen beimisst, hängt davon ab, was diese für ihn leisten." Das heißt: Die subjektive Einschätzung Ihrer Kunden ist entscheidend. Es gibt keinen objektiven Maßstab dafür, welchen „echten Wert" ein Haarschnitt oder ein gut geschriebenes Buch hat. Jede Leistung ist so viel wert, wie jemand anders bereit ist, dafür zu bezahlen. Geld verdienen können Sie aber nur, wenn der Preis, den Ihre Kunden zahlen, über dem liegt, was Sie die Leistungserstellung kostet. Diese Betrachtungsweise ist rein ökonomisch. Natürlich hat Ihre Leistung auch einen ideellen Wert, der darin liegt, dass Sie damit Ihren Kunden helfen, dass Sie Freude daran haben, sie zu erbringen, dass Sie mit ihr dazu beitragen, unsere Welt zu gestalten. Machen Sie sich aber klar, dass Sie von dem leben müssen, was Sie verdienen. Also bleibt Ihnen nichts anderes übrig, als Ihre Preise gleichzeitig markt- und kostengerecht anzusetzen. Beachten Sie bei Ihren Überlegungen nicht nur, was Sie verdienen müssen, sondern immer auch die Umgebung, in der Sie sich mit Ihrem Unternehmen bewegen.

Berücksichtigen Sie die Marktlage

Preise bestimmen sich durch das Zusammenspiel von Angebot und Nachfrage. Gute Karten haben Sie daher, wenn es nur wenige mit Ihnen vergleichbare Anbieter gibt, während viele Kunden Bedarf an Ihrer Leistung haben. Freilich sollten Sie nicht teurer sein als Anbieter, die der Kunde als mit Ihnen vergleichbar einschätzt. Wenn zwei aus Sicht des Kunden gleich gute Anbieter zur Verfügung stehen, wird er natürlich den billigeren wählen. Also sollten Sie entweder den gleichen (oder einen geringfügig günstigeren) Preis bieten wie Ihr Wettbewerber. Oder Sie versuchen, sich stärker zu profilieren und einen Mehrwert für den Kunden herauszuarbeiten.

Hier kommen wieder Ihre Positionierung und Ihr USP ins Spiel: Wenn Ihre Leistung für Ihren Kunden wichtig ist, wenn er sie als besonders und einzigartig erlebt, wenn er glaubt, dass Sie seine Bedürfnisse besser befriedigen können als andere Anbieter, dann wird er Ihnen auch mehr zahlen. Ist Ihre Leistung für ihn eher unwichtig und empfindet er die Anbieter als austauschbar, wird er vermutlich die günstigste Alternative wählen.

Kalkulieren Sie die Wert-Botschaft Ihrer Preise ein

„Was nichts kostet, ist auch nichts wert", sagt der Volksmund. Ein klasse Haarschnitt für zehn Euro? Da werde ich als Kundin doch eher misstrauisch – wo ist der Haken? Auch Ihre Kunden wissen, dass gute Leistungen nicht für (zu) wenig Geld zu haben sind. Bei vielen Produkten oder Dienstleistungen haben sie eine ungefähre Preis- und Wertvorstellung. Für eine ihrer Meinung nach herausragende, einzigartige Leistung bezahlen sie auch mehr. Sie freuen sich dennoch, wenn sie etwas günstiger bekommen. Aber zu billig darf es eben auch wieder nicht sein.

Im Umkehrschluss heißt dies: Mit Ihrer Preisvorstellung oder Honorarforderung sagen Sie etwas darüber aus, welchen Wert Sie selbst Ihrer Leistung beimessen. Und das ist noch aus einem anderen Grund wichtig: Psychologisch gesehen befinden Sie sich in einer ungünstigen Situation Ihrem Kunden gegenüber, wenn Sie selbst davon ausgehen, dass Ihre Leistung eigentlich überteuert ist. Richtig ärgern werden Sie sich, wenn Sie das Gefühl haben, zu schlecht bezahlt oder gar über den Tisch gezogen zu werden. Beides – sowohl zu hohe als auch zu niedrige Preise – ist einer langfristig angelegten, für beide Seiten ertragreichen Beziehung nicht gerade dienlich.

Tipp
Gehen Sie auch mal in Vorleistung

Es kann sich durchaus lohnen, den Preis erst im Nachhinein zu nennen. Einen jetzt schon langjährigen Kunden im Zeitschriftenbereich habe ich gewonnen, indem ich einen Artikel komplett recherchiert und geschrieben habe, von dem ich glaubte, er würde gut zu den Themen und zum Stil dieses Heftes passen. Dann habe ich den zuständigen Redakteur angerufen und ihn gefragt, ob er Interesse an dem Thema hat, und ihm angeboten, dass er den Beitrag komplett Probe lesen könnte. Er las und kaufte. Zu einem guten Preis.

Schätzen Sie die Zahlungsbereitschaft Ihrer Zielgruppe realistisch ein

Ihre Preise müssen so sein, dass die Menschen in Ihrer Zielgruppe sie akzeptieren können und wollen. Sind Ihre Kunden nicht in der Lage, so viel zu zahlen, wie Sie zur Kostendeckung und Gewinnerzielung brauchen, müssen Sie entweder Ihre Kosten senken oder sich eine neue Zielgruppe suchen. Zahlungsunfähige und -unwillige Kunden lassen sich allenfalls mit Super-Niedrigpreisen anziehen. Aber was hätten Sie davon? Ihr Lebensunterhalt wäre damit langfristig nicht gesichert.

Es gibt übrigens auch Zielgruppen, die Sie am besten mit hohen, Exklusivität versprechenden Preisen gewinnen können. Damit gewinnen Sie zwar vermutlich weniger, dafür aber lukrativere Aufträge. Allerdings: Als Premiumanbieter, der Premiumpreise durchsetzen kann, müssen Sie vom Kunden erst einmal wahrgenommen werden. Eine solche Positionierung aufzubauen dauert erfahrungsgemäß einige Zeit. Wenn Sie sich als Existenzgründer sofort im Topsegment platzieren und höchste Preise fordern, ist die Gefahr des Scheiterns groß.

Welche Preisstrategie ist die richtige?

Am besten gehen Sie in drei Schritten vor, wenn Sie Ihre Preisstrategie festlegen.

Recherchieren Sie

Informieren Sie sich darüber, welche Preise marktüblich sind. Fragen Sie Kollegen und stöbern Sie auf Websites von Konkurrenten (Vorsicht: Nicht alle dort angegebenen Preise werden realistisch sein). Recherchieren Sie außerdem Preisempfehlungen von Branchenverbänden. Fragen Sie ruhig auch potenzielle Kunden, was ihnen eine bestimmte Leistung wert wäre. Vergleichen Sie die auf diese Weise ermittelten Preise mit Ihrem auf Kostenbasis ermittelten Stundensatz. Kommen Sie auf Ihre Kosten, und bleibt darüber hinaus etwas übrig?

Machen Sie einen Markttest

Wählen Sie aus Ihrer Zielgruppe einige potenzielle Kunden für einen Preistest aus, aber keinesfalls diejenigen, die Sie auf jeden Fall gewinnen wollen. Beschränken Sie sich auf solche, bei denen es nicht allzu schlimm ist, wenn sich kein Auftrag ergibt. Bieten Sie diesen Ihre Leistung zu einem Preis an, den Sie für realistisch halten. Auf diese Weise können Sie sehr gut Preisuntergrenzen ermitteln: Sagt der Kunde sofort begeistert zu, war der Preis vermutlich zu niedrig. Kommt kein Auftrag zustande, sollten Sie nach dem Grund dafür fragen. Lagen Sie deutlich über dem Marktpreis, wird Ihnen der Kunde das vermutlich sagen. Aber Vorsicht: „Zu teuer" ist ein beliebtes Scheinargument, mit dem man Angebote abwimmelt, an denen man im Moment einfach nicht interessiert ist.

Stehen Sie zu Ihren Preisen

Haben Sie Ihren Preis sauber kalkuliert sowie durch Recherche und Markttests überprüft und angepasst, sollten Sie selbstbewusst dazu stehen und diesen Preis konsequent fordern. Sie sind gut. Sie sind Ihr Geld wert. Es gibt keinen Grund, Abstriche zu machen. Formulieren Sie entsprechend: „Ich berechne einen Stundensatz von …" oder „Ich kalkuliere wie folgt …" Zögerliches Gemurmel nach dem Muster „Na ja, ich hatte da an X Euro gedacht" zeigt, dass Sie unsicher sind. Ihr Gegenüber wird dann vielleicht annehmen, dass Sie Ihre Leistung selbst nicht für so bemerkenswert halten. Das ist eine Aufforderung zum Feilschen.

Billig einsteigen, dann hinaufverhandeln?

„Ich dachte, ich biete meine Leistung jetzt erst mal billig an. Mich kennt ja noch keiner, und als Existenzgründer habe ich noch keine Referenzen. Wenn die Kunden erst mal sehen, wie gut ich bin und welchen Nutzen ich ihnen bringe, kann ich immer noch nachverhandeln." So denken viele Gründer. Diese Strategie ist etwa zur Hälfte erfolgreich, denn mit niedrigen Preisen bekommt man tatsächlich tendenziell mehr Aufträge. Aber: Man verdient nichts daran. Diese Erfahrung habe ich selbst gemacht und viele meiner Gesprächspartner ebenfalls: Honorare nachzuverhandeln klappt fast nie. Wenn Sie einmal billig eingestiegen sind, werden Sie auch billig bleiben (müssen).

Aus der Sicht des Kunden ist das ja auch verständlich: Warum soll er Ihnen auf einmal mehr für genau die gleiche Leistung bezahlen? Er hat seine Wert-Entscheidung einmal getroffen – und zwar auf Basis Ihres eigenen Angebots – und wird nur Änderungen akzeptieren, wenn er keine andere Wahl hat. Meist hat er die aber. Die Konsequenz: Wenn Sie zu diesem niedrigen Preis nicht mehr arbeiten wollen, müssen Sie sich von dem Kunden trennen und sich neue suchen, die bereit sind, mehr auszugeben.

Tipp
Kommen Sie Neukunden
entgegen

Sie können trotzdem etwas tun, um die Hemmschwelle für neue Kunden herab-
zusetzen. Bieten Sie beispielsweise ein kostenloses und unverbindliches Erstgespräch (bei Beratungsleistungen) oder eine „Schnupperleistung" zum Einstiegs-
preis an. Dann ist klar: Diese eine Leistung gibt es günstiger, damit der Kunde
Ihre Arbeitsqualität mit geringem Risiko testen kann. Beim nächsten Mal verlangen Sie dann Ihren ganz normalen Preis. Dann weiß Ihr Kunde hoffentlich schon,
dass Ihre Leistung das wert ist. Mit einer Ausnahmeregelung wie dieser machen
Sie aber auch klar: Sie sind kein Billigheimer.

4. Viele Wege führen zum Kunden

Akquirieren bedeutet, Kunden über persönliche Ansprache zu werben und zu gewinnen. Das kann von Angesicht zu Angesicht geschehen, aber auch telefonisch, per Brief, Fax oder E-Mail. Im weiteren Sinne gehört dazu, selbst dafür zu sorgen, dass man anderen weiterempfohlen wird. Ein anderer Weg führt darüber, sich als Experte für bestimmte Themen ins Gespräch zu bringen. Wenn Sie es geschickt anstellen, können Sie es sogar schaffen, dass viele Kunden wie von allein auf Sie zukommen. Das funktioniert aber nur mit einer klaren Standortbestimmung und entsprechenden Kommunikationsstrategien.

Gerade in der Aufbauphase Ihres Geschäfts kommen Sie um die gezielte Ansprache von potenziellen Kunden nicht herum. Besonders das Telefon ist für Anfänger ein absolut notwendiges Akquise-Werkzeug. Gut gemachte Mailings sind ebenfalls nützlich, und auch im Internet müssen Sie auf jeden Fall präsent und aktiv sein. Diese drei Instrumente sind von großer Bedeutung, ihre Anwendung erfordert spezielles Know-how. Auf sie werde ich in den folgenden drei Kapiteln näher eingehen. Mit ihnen können Sie die „kritische Masse" aufbauen, die erforderlich ist, um Mundpropaganda und Empfehlungen auszulösen. Darüber wiederum erfahren Sie im letzten Kapitel dieses Buches mehr.

Zuvor möchte ich Ihnen weitere Wege zum Kunden vorstellen, die Ihre Akquise hervorragend ergänzen und abrunden können. Bevor wir uns nun in die praktische Umsetzung stürzen, machen Sie sich eines bewusst: Es gibt keinen Königsweg der Akquise. Misstrauen Sie selbsternannten Verkaufsgurus, die Ihnen die einzig wahre Akquise-Strategie nahebringen wollen. Es gibt keine Maßnahme und keine Aktion, die für alle Angebote und Zielgruppen gleich gut funktioniert. Wenn es überhaupt eine Gesetzmäßigkeit gibt, dann gilt,

- dass man zumindest am Anfang immer aktiv akquirieren muss,

- dass kein Selbständiger ohne Netzwerk und Empfehlungen auskommt und

- dass eine gute Pressearbeit sich früher oder später immer bezahlt macht.

Akquise heißt, Kunden zu gewinnen und Beziehungen aufzubauen. Sie ist etwas ganz Individuelles. Welche Strategie für Sie persönlich sinnvoll ist, hängt von Ihrer Tätigkeit, Ihrer Zielgruppe und Ihrer Persönlichkeit ab. Wenn Sie zum Beispiel kontaktfreudig sind und gern mit Menschen reden, ist die Direktansprache für Sie vermutlich am einfachsten und effektivsten. Wenn Sie gern schreiben, können Sie eine Expertenposition aufbauen, indem Sie Fachartikel in einschlägigen Publikationen veröffentlichen oder ein Blog im Internet führen. Liegt Ihre Stärke im Netzwerken, können Sie Ihre Website mit Partnerunternehmen verlinken und gemeinsame Aktivitäten, zum Beispiel Messen, Vorträge, Diskussionsforen, starten.

Die Akquise-Strategie, die Ihnen am besten liegt und sich als am erfolgreichsten erweist, sollten Sie natürlich auch vorrangig einsetzen. Aber achten Sie darauf, nicht zu einseitig zu werden. Je mehr Wege zum Kunden Sie nutzen, desto besser sind Ihre Chancen. Alle Interviewpartner, die ich für dieses Buch befragt habe, hatten eine bevorzugte Akquise-Strategie. Und alle setzen zusätzlich weitere Strategien ein, die ebenfalls einen wichtigen Beitrag zur Kundengewinnung leisten. Halten Sie es am besten auch so.

Nutzen Sie Messen für die Akquise

Auf Messen und Ausstellungen haben Anbieter einer Branche die Möglichkeit, sich und ihre Leistungen kompakt, übersichtlich und ansprechend einem interessierten Publikum zu präsentieren. Derartige Veranstaltungen sind nichts anderes als institutionalisierte Akquise-Plätze. Als Aussteller können Sie sich selbst vorstellen, in relativ kurzer Zeit viele Gespräche mit potenziellen Kunden führen, Flyer und Informationsmaterial verteilen und Visitenkarten sammeln. Einen ähnlich großen Nutzen kann es haben, als Besucher auf eine Messe zu gehen. Was sinnvoller ist, hängt davon ab, wen Sie als Zielgruppe anpeilen: Sind es eher die Messebesucher oder die Aussteller?

Wählen Sie „Ihre" Messen sorgfältig aus

Nicht jede Messe und nicht jede Art der Präsentation sind für die Erreichung Ihrer Ziele geeignet. Überlegen Sie daher, was Sie wollen.

> **Praxisbeispiel**
>
> Christel Schultz präsentierte ihr Hundeshampoo 2007 auf der Rheinland-Pfalz Ausstellung, die alljährlich in Mainz stattfindet. Gut 800 Aussteller auf 30.000 Quadratmetern Fläche und etwa 80.000 Besucher – dieser Rahmen müsste tolle Absatzchancen bieten, dachte sie. Eine Halle war zum Teil als „Startermesse" für Existenzgründer reserviert, einen Stand gab es dort mit IHK-Zuschuss für überschaubare 330 Euro. Der Erfolg? „Ich habe in drei Tagen ganze drei Shampoos verkauft. Obwohl der Standplatz gut war, wurde ich als Händlerin gar nicht wahrgenommen. Die Menschen gehen eigentlich nur zur Belustigung auf die Messe, nicht um zu kaufen. Man nimmt alle Essensproben dankend an und geht weiter. Prospekte wollen viele gar nicht haben, die müsste man ja herumtragen. Und alle Leute ansprechen wie auf dem Jahrmarkt wollte ich nicht. Ich konnte ihnen ja nicht ansehen, ob sie einen Hund haben."

Diese Beobachtung ist sicher richtig. Viele etablierte Verbrauchermessen ziehen zwar eine Menge Besucher an, von denen sich einige gezielt über bestimmte Themen informieren wollen. Der Löwenanteil aber kommt, um sich einen netten Tag zu machen, sich zu unterhalten, eventuell ein paar Häppchen zu probieren und ein paar kleine Mitbringsel (Preisklasse unter zehn Euro) zu erstehen.

Das kann für Aussteller interessant sein, die sich einem breiten Publikum präsentieren und ihre Bekanntheit in der Öffentlichkeit steigern wollen. Auch bei der Kundenbindung können solche Messen eine wichtige Rolle spielen, weil Ihre Kunden Sie dort „besuchen", um ein bisschen zu plaudern. Echte Akquise ist bei derartigen Messen aber für Existenzgründer in aller Regel nicht möglich.

Anders sieht es aus, wenn eine Messe auf ein bestimmtes Thema zugeschnitten ist und ein spezielles Publikum anspricht. Ein typisches Beispiel im Privatkundenbereich sind die kleineren und größeren Hochzeitsmessen, die üblicherweise im Frühjahr stattfinden. Dort präsentieren sich ausschließlich Anbieter rund um das Thema Hochzeit. Als Besucher kommen (fast) nur Heiratswillige und deren engere Bezugspersonen. Während Sie als Wedding Planner, Hochzeitslader oder Alleinunterhalter auf einer großen Verbrauchermesse in der Masse der Aussteller hingegen untergehen würden, hätten Sie auf einer kleineren, speziellen Messe hervorragende Akquise-Möglichkeiten.

Prüfen Sie also, welche Spezial- und Fachmessen es für Ihr Fachgebiet oder Ihre Branche gibt und inwieweit diese für Sie als Aussteller oder Besucher infrage kommen. Verzeichnisse von Messen und Terminen finden Sie zum Beispiel beim Ausstellungs- und Messeausschuss der Deutschen Wirtschaft e. V. auf der Website www.auma.de, auf den Websites von Messegesellschaften, Branchenverbänden und IHKs oder indem Sie den Begriff „Messe" und Ihr Fachgebiet in eine Suchmaschine eingeben. Weitere Übersichten zu Messen und Ausstellungen finden Sie im Internet unter www.jeder-ist-unternehmer.de/messe.

Es gibt unglaublich viele Veranstaltungen zu den verschiedensten Themen in Deutschland. Christel Schultz könnte zum Beispiel „Messe" und „Hund" eingeben und würde bei *Google* gleich unter den ersten zehn Treffern die „Hund & Pferd" in Dortmund und die „Mein Hund Messe" in Freiburg finden. Bei diesen Veranstaltungen würde sie bestimmt überwiegend auf Hundebesitzer und -freunde treffen.

Wie der Messebesuch zum Erfolg wird

Haben Sie schon eine Messe im Auge, auf der Sie sich gern präsentieren würden? Dann erkundigen Sie sich gezielt nach Fördermitteln für Ihr Vorhaben. Existenzgründer und kleinere Unternehmen können sich zum Beispiel an ihre IHK wenden. Oft besteht auch die Möglichkeit, gemeinsam mit Kooperationspartnern einen Stand zu organisieren und damit die Kosten gering(er) zu halten. Generell gilt: Je größer und bedeutender die Messe, desto höher sind die Standgebühren. Da können auch für einen bescheidenen Auftritt schnell ein paar tausend Euro zusammenkommen. Deutlich billiger wird die Sache, wenn Sie nicht als Aussteller, sondern als Besucher auf Akquise gehen.

Im Gespräch

Frank Ehnes machte sich Anfang 2006 als externer Personalentwickler selbständig. Er erstellt Aufgaben- und Anforderungsbeschreibungen sowie Potenzialanalysen für Betriebe mit zehn bis 500 Mitarbeitern. Nach Bedarf und Kundenwunsch führt er im Anschluss selbst Trainings und Coachings durch oder vermittelt Kooperationspartner hierfür.

Wie haben Sie Ihre ersten Kunden gewonnen?
Ich habe mir überlegt, wie ich am besten an kleinere und mittelständische Betriebe herankomme. Im Vorfeld meiner Existenzgründung habe ich mich dann entschieden, im Herbst 2005 eine regionale Messe hier in der Gegend, nämlich das „Forum Maschinenbau" in Bad Salzuflen, zu besuchen. Dort habe ich Firmen angesprochen, die mir interessant erschienen, und an diese einen Fragebogen ausgegeben, in dem ich den Bedarf an Personalentwicklungsleistungen abgefragt habe.

Wie waren die Reaktionen?
Sehr positiv. Ein Geschäftsführer sagte mir direkt auf der Messe: „So wie Sie hier auftreten und mich ansprechen, sollten meine Mitarbeiter auch zum Kunden gehen." Das war natürlich ein prima Anknüpfungspunkt, aus dem sich später ein Auftrag entwickelt hat. Es kam auch noch ein größeres Projekt für einen Weiterbildungsträger heraus.

Wie haben Sie dann weiter akquiriert?
Ich bin weiter auf Messen gegangen und habe passende Unternehmen angesprochen. Daraus haben sich mehrere interessante Kontakte und Aufträge ergeben. Auf der Messe „net'swork" knüpfte ich einen Kontakt zur Emsland-Initiative, die mich dazu einlud, im Rahmen einer Vortragsreihe für Unternehmer einen Vortrag über Personalentwicklung im Mittelstand zu halten. An diesem Abend habe ich einen großen Kunden gewonnen.

Und seitdem?
(Lacht) Seitdem läuft es wirklich gut. Ich gehe auf sieben Messen im Jahr, auf vier davon stelle ich inzwischen selbst aus. Als Aussteller komme ich nämlich viel leichter ins Gespräch mit den anderen Ausstellern, ganz nach dem Motto: „Und, wie lief die Messe bei Ihnen …?". Daneben halte ich ab und zu Vorträge, manchmal auch auf der Messe. Dazu lade ich Kunden und Interessenten direkt ein.

Wie stellen Sie es denn an, dass diese Messebesuche für Sie so ergiebig sind?
Wenn man auf einer Messe akquirieren will, ist die Vorbereitung alles. Sonst werden Sie von der schieren Masse erschlagen. Ich filtere mir vorher aus dem Ausstellerkatalog heraus, welche Unternehmen von der Branche und Größe her für mich interessant sein könnten. Dann informiere ich mich näher, was das für Unternehmen sind und was sie genau machen. Pro Messetag nehme ich mir zehn bis 20 Aussteller vor, deren Vertreter ich direkt anspreche.

Und wie ist da die Erfolgsquote?
Bei zehn Besuchen kommen etwa drei interessante Gespräche heraus. Von drei interessanten Gesprächen führt eines später zu einem Auftrag. In meinem Bereich dauert es allerdings oft ein halbes Jahr, bis aus Interesse tatsächlich ein Auftrag wird.

Sind Messen und Vorträge Ihre einzigen Akquise-Wege?
Nicht mehr. Heute kommen die meisten Aufträge über Telefonakquise. Ich habe ja im Lauf der Zeit viele Visitenkarten und Adressen gesammelt. Die übergebe ich einer Dienstleisterin, die bei diesen Kontakten anruft. Das klappt sehr gut. Sie liefert mir wöchentlich etwa einen Interessenten, mit dem sich ein echtes Gespräch ergibt. Das kostet mich wesentlich weniger, als wenn ich diese Aufgabe selber erledigte, und ist wesentlich effektiver.

Die Befragung auf dem „Forum Maschinenbau" führte Frank Ehnes schriftlich durch, er überreichte Fragebogen und Imageflyer aber persönlich. Aufgebaut war dieser Fragebogen in etwa so:

„Guten Tag, ich heiße Frank Ehnes und habe vor, im nächsten Jahr eine Firma für Personalentwicklung zu gründen.

- Wie viele Mitarbeiter haben Sie?
- Haben Sie eine eigene Personal(entwicklungs)abteilung?
- Wie entwickeln Sie Ihr Personal?
- Was wollen Sie in Zukunft tun?
- Darf ich Sie zur Unterstützung/Vereinbarung eines Termins anrufen?

Der beiliegende Flyer beschreibt meine Dienstleistungen näher."

Dieses Beispiel zeigt, wie Sie Messebesuche zu Akquise-Erfolgen machen können, und zwar unabhängig davon, ob Sie als Aussteller oder Besucher hingehen: Wichtig sind die sorgfältige Vorbereitung, professionelles Auftreten und gute Nachbereitung.

Bereiten Sie sich gut vor

Der erste Schritt besteht darin, sich Ziele für die Messe zu setzen. Was genau wollen Sie mit der Teilnahme oder dem Besuch erreichen? Normalerweise ist es nicht realistisch, dass Sie schon auf der Messe etwas verkaufen oder Abschlüsse tätigen. Vielmehr sollte es darum gehen, mögliche Geschäftspartner auf sich aufmerksam zu machen, Erstgespräche zur Potenzialermittlung zu führen und idealerweise Termine für weitere qualifiziertere Gespräche auszumachen. Setzen Sie sich dafür konkrete Ziele, beispielsweise: „Ich spreche mindestens zehn potenzielle Kunden an deren Stand an" oder: „Ich bekomme mindestens fünf Visitenkarten von Besuchern". Ein Fragebogen, wie ihn Frank Ehnes genutzt hat, ist ebenfalls hervorragend geeignet, um mehr über Ihre potenziellen Kunden zu erfahren.

Sie wollen als Aussteller an einer Messe teilnehmen? Dann bereiten Sie einen freundlich wirkenden, gut ausgestatteten und gepflegten Stand vor, der möglichst ein auffälliges Element als Hingucker enthält. Bedenken Sie dabei, dass alles, was sich bewegt, automatisch Aufmerksamkeit auf sich zieht – sei es ein plätschernder (kleiner) Tischbrunnen, eine Leuchtröhre mit auf- und absteigenden Bläschen oder eine im Wind eines Ventilators flatternde Fahne. Sorgen Sie zudem dafür, dass Sie Prospektmaterial, Visitenkarten, Imagemappen und sonstiges Informationsmaterial in ausreichender Menge und guter Qualität dabeihaben.

Wenn Sie als Besucher auf eine Messe gehen, informieren Sie sich vorab anhand des Ausstellerverzeichnisses über potenzielle Kunden und ergründen deren Interessen. Anschließend wählen Sie diejenigen aus, die Ihnen am vielversprechendsten erscheinen, und überlegen, was Sie ihnen konkret anbieten wollen. Planen Sie die Reihenfolge Ihrer Besuche so, dass Sie keine Zeit für Wege zwischen weit auseinanderliegenden Hallen vergeuden.

Tipp
Nutzen Sie die ersten Messetage

An den ersten zwei Messetagen sind die Aussteller am fittesten und gesprächsfreudigsten. Daher sollten Sie die wichtigsten Besuche an diesen beiden Tagen absolvieren. Wenn Sie zum ersten Mal eine Messe besuchen, um zu akquirieren, werden Sie vielleicht etwas unsicher sein und ein wenig Übung brauchen, um die für Sie geeignete Form der Ansprache herauszufinden. In dem Fall suchen Sie am Morgen des ersten Tages zunächst zwei oder drei weniger wichtige Kunden auf, um sich warmzulaufen, bevor Sie zu den potenziell interessanteren Kunden übergehen.

So treten Sie als Aussteller professionell auf

Bei einer Messe können Sie auf dutzende potenzielle Neukunden treffen, die aber nicht automatisch vor Ihrem Stand Schlange stehen werden. Sie sind nur einer von vielen Ausstellern und noch dazu ein bisher wenig bekannter. Da müssen Sie schon selbst dafür sorgen, dass die Besucher Sie wahrnehmen und sich für Ihr Angebot interessieren. Deshalb gilt:

- Überlassen Sie die Standbetreuung keinem Vertreter und keinen angeheuerten Messe-Hostessen. Stehen Sie immer persönlich als Gesprächspartner bereit.

- Verstecken Sie sich nicht in einer Ecke Ihres Standes und setzen Sie sich auf gar keinen Fall hin. Das wirkt desinteressiert. Am Messestand sollten Sie stehen – nicht so, dass Sie wie ein Türsteher aussehen, sondern eher wie ein Gastgeber, der freudig seine Gäste erwartet.

- Essen Sie nicht am Stand. Sie können keinen Kunden ansprechen, wenn Sie gerade mit vollem Mund ein Stück Wurstsemmel kauen. Das wirkt unprofessionell, erhöht die Gefahr, Fettflecken auf die Kleidung zu bekommen, und vermittelt dem Kunden den Eindruck zu stören. Knabbern Sie allenfalls an einem Keks, wenn Sie mit Ihrem Gesprächspartner einen Kaffee trinken.

- Richten Sie Ihre Aufmerksamkeit auf die Vorbeigehenden. Wenn Sie mit abwesendem Blick in die Luft starren, in einem Magazin blättern oder sich in ein lustiges Gespräch mit dem Standnachbarn vertiefen, signalisieren Sie, dass Sie an eventuellen Besuchern nicht interessiert sind.

- Lassen Sie keinen Besucher unbeachtet. Selbst wenn Sie gerade mit jemandem sprechen, sollten Sie einem weiteren Stehenbleibenden durch einen Blick und ein Lächeln zeigen, dass Sie ihn bemerkt haben und sich auf ein Gespräch mit ihm freuen.

- Bitten Sie Interessenten um eine Visitenkarte und die Erlaubnis, sich zu melden oder ihnen weiteres Material zuzuschicken. Wenn Sie das Gefühl haben, dass jemand in Ihre Zielgruppe passt und ehrlich interessiert ist, geben Sie ihm auch gleich eine Imagemappe mit. Aber nur dann. Ihre Unterlagen sind sicher zu wertvoll, um im nächsten Mülleimer zu landen.

So treten Sie als Besucher professionell auf

Auch als Besucher gehen Sie angemessen gekleidet und mit einem Lächeln auf den Lippen auf eine Messe. Schließlich warten dort zahlreiche potenzielle Neukunden auf Sie, auch wenn sie es noch nicht wissen. Gehen Sie gezielt zu den Ständen der Aussteller, die Sie im Vorfeld ausgewählt haben, und beginnen Sie mit Ihrem ebenfalls gut vorbereiteten Einstieg. Dazu gehört unbedingt eine kurze, prägnante Vorstellung Ihrer Person und Leistung (Elevator Pitch).

Stellen Sie sich vor, Sie sind Texter und wollen Websites, Flyer und andere Werbemittel für kleinere Unternehmen verfassen, die das bisher selbst getan haben. Sie betreten den Stand einer größeren Schreinerei auf einer Verbrauchermesse.

Standpersonal: „Guten Tag, was kann ich für Sie tun?"

Sie: „Guten Tag, mein Name ist Richard Müller. Ich bin Texter und würde gern mit demjenigen sprechen, der bei Ihnen im Haus für die Werbemittel zuständig ist."

Standpersonal: „Das ist Frau Gürtler, unsere Junior-Chefin. Sie steht dort drüben." (*Begleitet Sie*) „Frau Gürtler, dieser Herr ist Texter und möchte Sie sprechen."

Frau Gürtler: „Guten Tag."

Sie: „Guten Tag, Frau Gürtler, schön, Sie kennenzulernen. Mein Name ist Richard Müller. Ich als Texter bin darauf spezialisiert, Texte für Websites und Flyer zu schreiben, die größtmögliche Kundenresonanz erzeugen. Ich habe mir Ihre Website angesehen und fand sie sehr gelungen. Besonders der virtuelle Rundgang durch Ihren Betrieb ist beeindruckend. Bei den Texten sind mir aber ein paar Dinge aufgefallen, die man vielleicht noch wirksamer gestalten könnte. Darüber wollte ich mit Ihnen reden."

Frau Gürtler (etwas abwehrend, aber nicht uninteressiert): „Und was wäre das?"

Sie: „Es geht vor allem um den Teil, in dem Sie Ihre Leistungen und Preise vorstellen. Ich habe mir dazu schon ein paar Gedanken gemacht. Aber ich sehe natürlich, dass Sie in erster Linie auf dieser Messe sind, um selbst Kunden zu akquirieren. Wollen wir uns nicht nach der Messe in aller Ruhe einmal zusammensetzen, um uns über ein paar Ideen für Ihre Website auszutauschen?"

Frau Gürtler: „Ja, hm, was kostet uns das denn?"

Sie: „Das Erstgespräch ist für Sie völlig kostenlos und unverbindlich. Wenn Sie anschließend einen kompletten Website-Check mit Verbesserungsvorschlägen wünschen, biete ich Ihnen als Erstkunden dies zu einem Schnupperpreis von 49 Euro an. Meine sonstigen Leistungen und Preise habe ich in dieser Mappe zusammengestellt." (*Übergabe der Imagemappe*) „Wollen wir gleich einen Termin für ein Erstgespräch vereinbaren? Wie sieht es bei Ihnen denn übernächste Woche aus? Zum Beispiel am …?"

Ein fester Termin als Ergebnis ist ein Idealziel, das Sie zwar vor Augen haben, aber nicht verkrampft verfolgen sollten. Kommt keine Absprache zustande, können Sie immer noch dem Angesprochenen anbieten, weiteres Informationsmaterial zuzusenden oder ihn nach der Messe anzurufen.

Bereiten Sie die Messe gründlich nach

Mit dem Ansprechen und Sammeln von Kontakten ist es nicht getan. Sie sollten Ihre Messeteilnahme/Ihren Messebesuch auch intensiv nachbereiten. Gehen Sie dabei in drei Stufen vor.

Stufe eins: Selbstkritik

Waren Sie als Besucher unterwegs, stellen Sie sich zum Beispiel folgende Fragen: Was lief gut? Was hat so geklappt, wie Sie es wollten? Was nicht? Haben Sie alle ausgewählten Aussteller besuchen können? Haben Sie weitere interessante Unternehmen en passant gefunden und deren Vertreter angesprochen? Was können Sie daraus für Ihre Zeitplanung beim nächsten Mal lernen? Als Aussteller fragen Sie sich: Habe ich genügend Gespräche mit Besuchern geführt? Welche Gesprächseinstiege haben sich bewährt? Welche nicht? An welchen Angeboten waren die Gesprächspartner interessiert? An welchen weniger? Versuchen Sie, aus diesen Erfahrungen zu lernen, um es beim nächsten Mal (noch) besser zu machen.

Stufe zwei: Interessenten kontaktieren

Alle Gesprächspartner, die an Ihrem Angebot ernsthaft interessiert waren, sollten binnen zehn Tagen nach der Messe von Ihnen hören. Versprochenes Informationsmaterial verschicken Sie sofort. Fassen Sie auf jeden Fall später telefonisch nach. Ziel ist es, den Kontakt mit jedem vielversprechenden Interessenten nachzubereiten und zu versuchen, einen Gesprächstermin zu bekommen. Wenn Sie vor Ort einen Anruf versprochen haben, sollten Sie allerdings nicht gleich in den ersten paar Tagen nach der Messe bei Ihrem Gesprächspartner anrufen. Denn da haben Aussteller wie Besucher selbst noch genug mit der Nachbereitung zu tun. Warten Sie bis zum vierten Tag nach der Messe, dann haben alle wahrscheinlich den Kopf wieder frei für Neues.

Stufe drei: Übrige Kontakte sichten

Sind die Post an und Anrufe bei den echten Interessenten erledigt, können Sie nach und nach die übrigen Adressen bearbeiten. Offensichtlich weniger sinnvolle Adressen (zum Beispiel von Gewinnspielteilnehmern, die erkennbar nicht zu Ihrer Zielgruppe gehören) und die Kontakte, bei denen Ihr Besuch völlig gefloppt ist, sortieren Sie aus. Rufen Sie diejenigen an, die Ihnen einigermaßen interessant erscheinen. Die übrigen Adressen geben Sie in Ihre Datenbank ein. Vielleicht senden Sie diesen Personen später ein Mailing oder laden sie zu einem Vortrag oder Event ein.

Zur Vorbereitung der Akquise auf Messen

Recherchieren Sie, welche Messe(n) thematisch so zugeschnitten sind, dass Sie als Aussteller oder Besucher dort wahrscheinlich viele Personen aus Ihrer Zielgruppe antreffen.

Wenn Sie ausstellen wollen:

❏ Klären Sie die Frage der Kosten. Prüfen Sie, ob Sie eventuell Fördermittel bekommen oder sich an einem Gemeinschaftsstand beteiligen können.

❏ Lassen Sie Flyer, Visitenkarten und andere Werbemittel in ausreichender Menge drucken.

Wenn Sie als Besucher unterwegs sind:

❏ Studieren Sie das Ausstellerverzeichnis und filtern Sie heraus, wer als potenzieller Kunde interessant sein könnte.

❏ Erstellen Sie einen Plan für Ihre Besuche.

❏ Erarbeiten Sie einen Gesprächseinstieg.

Vorträge und Seminare: Überzeugen Sie mit Ihrem Wissen

Es mag paradox erscheinen, aber das eigene Wissen freigebig mit anderen zu teilen, kann ein hervorragendes Akquise-Instrument sein. Gerade wenn Sie beratend tätig sind, schlagen Sie mehrere Fliegen mit einer Klappe, wenn Sie einen Vortrag oder ein Seminar halten:

● Sie erreichen damit punktgenau die Leute, die sich für das fragliche Thema interessieren – also genau Ihre Zielgruppe.

● Sie können sich vor Ihrer Zielgruppe und eventuell erschienenen Pressevertretern als Experte präsentieren.

- Sie können Ihre gesamte Persönlichkeit einbringen und Ihre Zuhörer damit überzeugen. Mit einem Anruf oder Brief lässt sich dies allenfalls ausschnittweise machen.

- Sie haben die Interessenten aus Ihrer Zielgruppe persönlich vor sich sitzen und können mit ihnen ganz zwanglos ein Gespräch beginnen oder von ihnen angesprochen werden.

- Sie können auf Fragen eingehen und so herausfinden, was die Menschen aus Ihrer Zielgruppe besonders bewegt. Das liefert Ihnen Ansatzpunkte für weitere Akquise-Maßnahmen und den Zuschnitt neuer Angebote.

Sicher werden Sie nicht nach jedem Vortrag mit einem Auftrag nach Hause gehen. Aber häufig werden Sie von Zuhörern oder Teilnehmern, die Sie überzeugend fanden, angesprochen und steigern auf diese Weise Ihre Bekanntheit. Mit Vorträgen zu aktuellen Themen können Sie zudem ein Presseecho auslösen, das weitere Menschen auf Sie aufmerksam machen kann.

Praxisbeispiel

Anke Tielker, die Existenzgründungsberaterin, startete 2002 in ihre Selbständigkeit mit einem Vortrag, den sie einer Gleichstellungsbeauftragten angeboten hatte. „Danach dachte ich mir: Vorträge scheinen mir zu liegen, und den Teilnehmerinnen gefällt es offenbar auch. Ich kann das verstehen. Ich würde ja auch nicht wegen einer Beratung zu jemandem gehen, den ich noch nie gesehen und gesprochen habe. Heute halte ich etwa 30 Vorträge und Workshops pro Jahr, zum Beispiel im Auftrag von Koordinierungsstellen, Parteien, Volkshochschulen, Gleichstellungsbeauftragten oder Vereinen. Inzwischen verdiene ich daran doppelt: Zum einen erhalte ich ein Honorar für den Vortrag selbst. Zum anderen kommen aus den Vorträgen und Workshops neue Kunden zu mir. Ich muss allerdings Geduld haben. Vom Vortrag bis zum Auftrag kann es leicht ein halbes Jahr dauern."

Viele der von mir für dieses Buch interviewten Gesprächspartner nutzen Vorträge, Workshops und Seminare als Wege zum Kunden und konnten damit gute Erfolge erzielen. Doch eines hat sich gezeigt: Sie dürfen nicht zu schnell zu viel erwarten. Die Vorträge selbst bringen kaum Umsatz. Bis sich Aufträge daraus ergeben, kann einige Zeit ins Land gehen.

Im Gespräch

Frau Dr. Stephanie Kaufmann ist seit Mitte 2006 als Juristin und Fachautorin selbständig. Als Anwältin darf sie nicht werben. Um sich trotzdem bekanntzumachen, setzt sie Vorträge an verschiedenen Volkshochschulen als Akquise-Instrument ein.

Wie sind Sie als Referentin gestartet? War das schwierig?
Nein. Ich habe 2006 die Volkshochschulen in der näheren Umgebung abtelefoniert und per E-Mail Themen für Vortragsabende vorgeschlagen. Von den zehn angesprochenen Volkshochschulen haben vier zugesagt. Bei ihnen bin ich seitdem jedes Semester mit mindestens einem Vortrag vertreten. Ich referiere beispielsweise über das neue Unterhaltsrecht oder zum Thema „Ich bin Erbe, was soll ich tun?"

Lohnt sich das finanziell?
Die Vorträge selbst sind mit einem Honorar von 70 bis 100 Euro zwar finanziell keineswegs attraktiv. Aber ich kann im Durchschnitt mit zehn bis zwölf sehr interessierten Teilnehmern rechnen. Von denen kommen jedes Mal nach dem Vortrag ein oder zwei auf mich zu, um mich zu beauftragen. Ich habe noch keinen einzigen Vortrag gehalten, aus dem kein Mandat herausgekommen wäre.

Was raten Sie Selbständigen, die ebenfalls über Vorträge bei der Volkshochschule akquirieren wollen?
Prüfen Sie, ob eines Ihrer Themen im Programm Ihrer Volkshochschule noch nicht oder noch nicht unter einem bestimmten Blickwinkel vertreten ist. Wenn Sie eine Lücke finden, verschicken Sie Ihr Angebot. Zum Erbrecht für Erblasser beispielsweise gab es fast überall schon Vorträge, aber noch keinen dazu, wie die Sache aus Sicht des Erben aussieht. Meiner Erfahrung nach sind die Volkshochschulen sehr interessiert an neuen Themen. Besonders gut gebucht wird übrigens alles, was mit Geld zu tun hat.

Zur Akquise mit Vorträgen und Seminaren

☐ Überlegen Sie, zu welchen Themen Sie Vorträge oder Workshops für welche Zielgruppen anbieten könnten.

☐ Recherchieren Sie die Organisationen, die in Ihrer Region als Veranstalter für Vorträge tätig sind und für Ihre Themen infrage kommen.

☐ Prüfen Sie das Angebot dieser Veranstalter und suchen Sie nach thematischen Lücken, die Sie füllen könnten.

☐ Erarbeiten Sie konkrete Vorschläge und nehmen Sie Kontakt zu den Veranstaltern auf.

Beteiligen Sie sich an Akquise-Kooperationen

Eine Kooperation ist die Zusammenarbeit zweier oder mehrerer Einzelpersonen im Dienste gegenseitiger Interessen. Nach dieser weiten Definition ist fast alles, was wir im Geschäftsleben tun, eine Form davon. Hier geht es nun um diejenigen Kooperationen, die mit dem gemeinsamen Ziel erfolgen, Kunden zu gewinnen. Diese klare Ausrichtung auf die Akquise unterscheidet Kooperation vom Networking, auch wenn in der Praxis das eine oft in das andere übergeht.

Halten wir an dieser Stelle fest: Bei einer Akquise-Kooperation tun sich zwei (oder mehr) Partner zusammen, um gemeinsam (mehr) Kunden zu gewinnen. Damit das für beide Seiten zufriedenstellend funktioniert und dauerhaft Bestand hat, muss der Zusammenschluss für beide Seiten nutzbringend sein.

Legen Sie im Vorfeld Ihre Ziele fest

Bevor Sie auf die Suche nach einem Kooperationspartner gehen, sollten Sie klären, welchen konkreten Nutzen Sie sich erhoffen. Welche Ziele verfolgen Sie? Wollen Sie zum Beispiel

● einen Kooperationspartner, dessen Leistungsangebot Ihres abrundet oder ergänzt?

- jemanden, den Sie als Verstärkung ins Boot holen können, wenn ein Projekt für Sie alleine zu groß ist?

- Zugriff auf Kontakte und Kunden des Kooperationspartners?

- einen Werbepartner, der beispielsweise seine Website mit Ihrer verlinkt, Sie als Partnerunternehmen nennt und damit Ihre Bekanntheit in der Zielgruppe steigert?

Definieren Sie Ihre Gegenleistung

Niemand wird seine Kunden, seine Kontakte und sein Know-how zur Verfügung stellen, nur weil Sie es gern hätten. Kennzeichen einer Kooperation ist es, dass sie auf Gegenseitigkeit beruht. Überlegen Sie also, was Sie im Gegenzug für den erwünschten Nutzen zu bieten haben. Die Vorteile auf beiden Seiten sollten ungefähr gleichwertig sein, sonst werden Sie keinen Partner finden oder an der Kooperation nicht lange Freude haben.

Als Gründer haben Sie vielleicht noch nicht viele Kunden, die für einen potenziellen Kooperationspartner interessant sein könnten. Was können Sie dann bieten? Eine Leistung, die sein Angebot abrundet? Kontakte zu Multiplikatoren? Zu Leuten, die zwar nicht für Sie, aber für ihn als Kunden infrage kommen? Können Sie einen finanziellen Anreiz in Form einer Provision für vermittelte Kontakte bieten?

Im Gespräch

Katrin Kämmer, Wedding Planner aus Berlin, arbeitet mittlerweile mit festen Partnern zusammen.

Welche Rolle spielen Ihre Kooperationspartner für Sie?
Eine große. Ohne Kooperationspartner könnte ich nicht arbeiten. Mein Service besteht ja gerade daraus, den Brautpaaren alles aus einer Hand zu bieten, also alle möglichen Dienstleister nach Bedarf beibringen zu können. Ich habe etwa 100 Partner, darunter Hotels, Caterer, Floristen, Entertainer, Bands, Brautausstatter, Visagisten, Friseure und Fotografen.

Wie haben Sie diese Partner gefunden?
Zunächst habe ich überlegt, welche Leistungen ich unbedingt brauche, aber nicht selbst erbringen kann. Dann habe ich entsprechende Anbieter in der Region ausfindig gemacht, Flyer und Visitenkarten eingepackt und Kaltakquise mit persönlichen Besuchen gemacht. Sprich: Ich bin hingefahren, habe mich vorgestellt und gesagt: „Guten Tag, ich bin Wedding Planner und würde gern mit Ihnen zusammenarbeiten."

Wie war die Resonanz auf Ihre Besuche?
Zwar positiv, aber doch erst einmal abwartend nach dem Motto: „Mal sehen, was da so passiert". Inzwischen kommen mögliche Kooperationspartner von sich aus auf mich zu.

In welcher Form kooperieren Sie?
Meine Partner legen meine Flyer aus und empfehlen mich, wenn ein Brautpaar bei ihnen anfragt. Mit einigen hatte ich auch einen gemeinsamen Stand auf einer Hochzeitsmesse.

Bieten Sie eine Gegenleistung für Ihre Kooperationspartner?
Meine Gegenleistung besteht darin, dass ich aus meinen Kooperationspartnern die passenden Dienstleister für meine Brautpaare heraussuche und ihnen auf diese Art Aufträge vermittle. In meiner Branche werden Kooperationsverträge oft exklusiv und auf Provisionsbasis geschlossen. Das läuft dann nach dem Schema: Ich bringe einer Location fünf Hochzeiten pro Jahr, dafür bekomme ich eine Summe X. Das mache ich aber nicht. Ich finde, bei meiner Geschäftstätigkeit soll der Kundenwunsch im Vordergrund stehen, nicht das Provisionsziel, das sich möglicherweise erreichen lässt.

So finden Sie geeignete Kooperationspartner

Grundsätzlich ist darauf zu achten, dass ein Kooperationspartner verschiedene Voraussetzungen erfüllt: Er sollte

- nicht direkt mit Ihnen konkurrieren,
- zur Erreichung Ihrer Kooperationsziele beitragen können,
- von seiner Positionierung, seinem Image und seiner Leistungsqualität her zu Ihnen passen,

- bei einer engeren Kooperation auch menschlich gut mit Ihnen harmonieren und

- an der Zusammenarbeit mit Ihnen interessiert sein, das heißt, sich davon einen Nutzen versprechen (können).

Suchen Sie gezielt nach Personen, die diese Kriterien erfüllen, zum Beispiel in Ihren Netzwerken, auf Branchentreffs oder schlicht in den „Gelben Seiten". Fragen Sie auch direkt bei einzelnen Kontakten nach, ob jemand eine Empfehlung aussprechen kann. Filtern Sie die interessantesten Adressen heraus. Nehmen Sie dann Kontakt auf, und zwar am besten persönlich oder telefonisch. Sagen Sie ehrlich und direkt, aus welchem Grund Sie sich melden, was Sie wollen und zu bieten haben. Ein Telefongespräch, hier am Beispiel von Karolin Jung, einer selbständigen Fußpflegerin, könnte zum Beispiel so ablaufen:

Herr Monte: „Gerts mobiler Haarsalon, guten Tag."

Frau Jung: „Guten Tag, hier ist Karolin Jung. Ich bin selbständige Fußpflegerin und biete einen mobilen Fußpflegeservice in Neustadt an. Ich habe gesehen, dass Sie hier einen mobilen Friseurservice anbieten, und dachte mir, dass unsere Angebote sich doch prima ergänzen. Deshalb mein Vorschlag: Wollen wir uns nicht einmal treffen, um über eine Kooperation zu reden?"

Herr Monte: „Woran haben Sie denn da gedacht?"

Frau Jung: „Na ja, ich betreue beispielsweise einige Kunden im Altenstift Sonnenhang. Die könnte ich fragen, ob sie nicht auch Interesse an einem Friseur hätten, der ins Haus kommt. Und Sie könnten Ihren Kunden sagen, dass Sie von einer mobilen Fußpflegerin wissen. Wir können zum Beispiel Visitenkarten und Flyer austauschen."

Herr Monte: „Ja, ich weiß nicht …"

Frau Jung: „Sicher sind Sie etwas skeptisch, weil Sie mich gar nicht kennen und nicht wissen, wie ich arbeite. Was halten Sie davon, wenn wir uns einmal ganz unverbindlich treffen, um uns kennenzulernen? Wie wäre es zum Beispiel am …?"

Sie sehen: Kooperationspartner wollen genauso solide akquiriert werden wie Kunden. Mitunter ergeben sich Kooperationen auch aus Kontakten, die man eigentlich aus ganz anderen Gründen gesucht hat. Seien Sie offen für solche Entwicklungen.

Georg Schütz entwickelte 2003 ein Werkzeug, um zu ermitteln, welches Verbesserungspotenzial in den von ihm beratenen Unternehmen steckte. „Ich bin mit diesem KMU-Check-Werkzeug (Anm. der Autorin: KMU steht für kleine und mittlere Unternehmen) zur IHK vor Ort gegangen, um deren Meinung darüber einzuholen. Zwei Tage später rief mich der Ansprechpartner an, sagte, er fände es toll, und fragte mich, ob ich den KMU-Check nicht im Auftrag der IHK durchführen wolle. Einmal im Monat ist bei der IHK nämlich ein Sprechtag, an dem Selbständige und Unternehmer sich kostenlos beraten lassen können. Das mache jetzt ich: Ich bin jeden Monat einen Tag lang bei der IHK und führe durchschnittlich jeweils drei zweistündige kostenlose Kurzanalysen durch. Das sind 36 Kontakte im Jahr, aus denen sich vier oder fünf Beratungsaufträge für mich ergeben. Es lohnt sich wirklich."

Ein schönes Beispiel für beidseitigen Nutzen oder, modisch ausgedrückt, für eine Win-win-Situation: Die IHK bessert ihren Service auf, ohne dafür zusätzliche Kosten in Kauf nehmen zu müssen. Georg Schütz profitiert vom Image und der Organisation der IHK und bekommt potenzielle Kunden für seine Beratungsleistung sozusagen frei Haus geliefert.

Wie Sie mit Pressearbeit Kunden gewinnen

PR-Puristen und Journalisten werden an dieser Stelle aufstöhnen, denn natürlich ist Presse- oder Öffentlichkeitsarbeit kein Akquise-Instrument im engeren Sinne. Ganz zu Unrecht stöhnen sie nicht, denn vielen Unternehmern/Selbständigen ist nicht klar, dass Pressearbeit keine Werbung ist. Sie glauben, dass eine Redaktion ihre selbstverfasste Pressemitteilung sofort und wortwörtlich abdrucken müsste. Natürlich nur in einem Zusammenhang, der ihnen genehm ist. So geht das aber nicht. Wenn eine Zeitung oder Zeitschrift genau das drucken soll, was Sie wollen, müssen Sie eine Anzeige in Auftrag geben und dafür bezahlen.

Pressearbeit hingegen besteht darin, Kontakte zu verschiedenen Medien und Journalisten zu pflegen und ihnen Informationen über das eigene Unternehmen zukommen zu lassen. Natürlich bezwecken die PR-Treibenden damit, dass die Presse möglichst viel und wohlwollend über sie berichtet und so dazu beiträgt, ein positives Image des Unternehmens in der Öffentlichkeit aufzubauen. Positive Presseberichte sind äußerst wirksame Helfer, wenn es darum geht, Aufmerksamkeit zu erregen, den eigenen Bekanntheitsgrad zu steigern, die Glaubwürdigkeit zu erhöhen und damit ganz automatisch Interessenten und Kunden zu gewinnen. Im weiteren Sinne ist Pressearbeit also doch ein Akquise-Instrument.

Welche Medien Sie ansprechen sollten

Überlegen Sie im ersten Schritt, welche Medien Ihre Zielgruppe nutzt und welchen sie am meisten Beachtung schenkt. Wenn Ihr Angebot sich an Privatkunden richtet, sind praktisch alle Massenmedien für Sie relevant, je nach Art Ihrer Tätigkeit die regionalen oder sogar die überregionalen: Zeitungen, Anzeigenblätter, (Lokal-)Radiosender und Fernsehen, eventuell auch Publikumszeitschriften. Bieten Sie dagegen eine branchen- oder themenspezifische Leistung an, werden Sie Ihre Zielgruppe und Ihre branchenspezifische Öffentlichkeit eher über die entsprechenden Fachmedien wie Zeitschriften oder Newsletter erreichen.

Erstellen Sie einen Presseverteiler

Erarbeiten Sie eine Liste der relevanten Medien und ermitteln Sie die dazugehörigen Kontaktdaten. Idealerweise recherchieren Sie bereits den für Ihr Themengebiet verantwortlichen Redakteur, sodass Sie sich direkt an ihn wenden können. Bauen Sie nach und nach einen für Ihre Themen passenden Presseverteiler auf, an den Sie Ihre Pressemitteilungen jeweils verschicken. Halten Sie den Verteiler stets aktuell und ergänzen Sie ihn, wenn Sie neue, interessante Medien finden. Interessant ist dabei nicht nur, was auf Anhieb toll klingt. Nicht jeder kann als Talkshow-Gast im *RTL*-Studio sitzen. Das ist nicht weiter schlimm. Entscheidend ist, dass das Medium in Ihrer Zielgruppe Beachtung findet und Glaubwürdigkeit genießt. Auch ganz unspektakuläre und vielen Menschen völlig unbekannte Medien können für Sie sehr wirksam sein.

Praxisbeispiel

Udo Siegl, der Inhaber der gleichnamigen Kemptener Werbeagentur, nutzt als Akquise-Medium die „Bayerisch-Schwäbische Wirtschaft", die IHK-Zeitschrift seiner Region. Sein Beispiel zeigt auch, wie fließend die Grenze zwischen Werbung und PR sein kann. „Ich bin in jeder Ausgabe vertreten, immer abwechselnd mit einer Anzeige und einem PR-Artikel. Weil ich regelmäßig meine Anzeigen schalte, habe ich ausgehandelt, dass ich in jeder zweiten Ausgabe kostenlos den gleichen Platz für einen Presseartikel bekomme. Ich habe also jährlich sechs Anzeigen und sechs Artikel, die ich selbst schreibe und in denen ich meine Leistungen vorstelle. Da muss man zwar einen langen Anlauf nehmen – mein eigener Schwager bemerkte nach eineinhalb Jahren das erste Mal, dass da etwas über mich stand –, aber der stete Tropfen wirkt. Über die IHK-Zeitschrift bekomme ich immer wieder Anfragen von Neukunden."

Mit diesen Themen können Sie in den Medien landen

Die Aufgabe eines Journalisten ist es, seine Leser, Hörer oder Zuschauer über alles zu informieren, was für sie von Interesse ist oder sein könnte. Also über alles, was neu, aktuell, einzigartig, kurios, gefährlich, nützlich, dramatisch oder sonstwie von Bedeutung ist. Sehen Sie es ganz nüchtern: So wie Sie Nutzen für Ihre Kunden hervorbringen müssen, um am Markt bestehen zu können, muss der Journalist für sein Publikum Nutzen stiften. Die Tatsache, dass es Sie, Ihr Unternehmen, Ihre Produkte und Leistungen gibt, ist für einen Journalisten zunächst völlig uninteressant. Es ist Ihre Sache, daraus ein spannendes Thema mit Nachrichtenwert zu machen. Wann ein Thema Nachrichtenwert hat? Bewährt haben sich unter anderem folgende „Nachrichtenfaktoren": geografische Nähe, Aktualität des Themas, die Einbeziehung prominenter Personen, Kuriosität des Themas, Konflikte, Sex und Liebe. Nehmen wir nochmals das Beispiel der mobilen Fußpflegerin als Ausgangspunkt. „Karolin Jung kommt in Neustadt als mobile Fußpflegerin ins Haus" ist keine Botschaft mit Nachrichtenwert. Mit dem richtigen Aufhänger könnte es aber eine werden.

- Geografische Nähe: „Hier, in unserer kleinen Stadt, gibt es jetzt endlich auch einen Service, den in den Großstädten schon viele Menschen in Anspruch nehmen …"

- Aktualität: „Endlich Erleichterung für Diabetiker. Gesundheitsexperten zeigen sich besorgt über die zunehmende Verbreitung von Diabetes. Oft wird dabei nur über die Kosten gesprochen, nicht aber über die Einschränkungen der Lebensqualität, die dieses Leiden für die Betroffenen mit sich bringt. Beispielsweise haben viele Diabetiker Probleme mit den Füßen, die sogar zur Amputation führen können …"

- Prominenz: „„Frauen gründen einfach kreativer', sagte Landrätin Paula Gabrieli gestern bei einem Treffen mit jungen Existenzgründerinnen. Besonders angetan hatte es ihr die Idee eines mobilen Fußpflegeservices ..."

- Kuriosität: „65 % aller Männer finden Füße sexy, besagt eine Studie der XY-Gesellschaft. 45 % lieben rot lackierte Zehennägel. ‚Bei meinen Kunden sind derzeit vergoldete Zehennägel der Renner', sagt die mobile Fußpflegerin Karolin Jung aus Neustadt ..."

Welcher Aufhänger am meisten Aufmerksamkeit weckt, hängt natürlich auch von dem Medium ab, in dem Sie Ihre Informationen gern publiziert sähen. Die lokalen und regionalen Medien interessieren sich wesentlich stärker für lokale und regionale Themen, als es beispielsweise der Redakteur eines Online-Newsletters tut. Der springt vielleicht eher auf kuriose Meldungen oder welche zu brandaktuellen Themen an.

So verfassen Sie eine Pressemitteilung

Entscheiden Sie sich für einen zentralen Aufhänger, von dem Sie glauben, dass er einen hohen Nachrichtenwert hat. Anschließend verfassen Sie Ihre Pressemitteilung. Inhalt, Aufbau und Form sollten so gestaltet sein, wie Nachrichten üblicherweise journalistisch aufbereitet werden. Damit erhöhen Sie Ihre Chancen, dass die Nachricht auch gedruckt wird, deutlich.

Jeder Journalist lernt am Anfang seiner Ausbildung, dass ein solider Nachrichtentext Antworten auf die sechs W-Fragen enthalten muss: Wer tut was, wann, wo, wie und warum? Diese Fragen sollten Sie möglichst konkret und faktenreich beantworten, denn das macht den Text interessant. „Fußpflegerin kommt ins Haus" ist langweilig, spannend wird es durch die Details: „Karolin Jung, mobile Fußpflegerin mit Zusatzausbildung für diabetische Füße, bietet ein Fußpflege-Abo für Diabetiker."

Außerdem brauchen Sie unbedingt eine knackige Überschrift, etwa: „Diabetikerfüße brauchen dringend Hilfe." Bedenken Sie auch, dass in einem Pressetext die wichtigste Information gleich an den Anfang des Textes gehört. Sie sollte möglichst prägnant und in einem Satz formuliert sein. Diesen Kernsatz am Anfang eines journalistischen Textes bezeichnet man auch als „Küchenzuruf". Henri Nannen, ehemals Chefredakteur des „stern", hat diesen Begriff geprägt. Die Vorstellung dahinter: Ein Partner steht in der Küche und spült ab, der andere liest Zeitung. Plötzlich ruft er in die Küche hinein: „Du, stell dir vor, Franz Beckenbauer will Bundespräsident werden." So stark sollte der erste Satz einer Pressemitteilung sein, dann folgen die Antworten auf die W-Fragen.

Darüber hinaus sind einige formale Aspekte zu berücksichtigen: Achten Sie darauf, dass Sie Ihre Pressemitteilung als solche kennzeichnen. Noch über der Überschrift sollte groß und deutlich „Pressemitteilung" oder „Presse-Information" stehen. Formatieren Sie Ihren Text mit eineinhalbzeiligem Abstand und lassen Sie höchstens 60 Zeichen pro Zeile zu. Das erleichtert das Lesen und Redigieren. Besser lesbar wird Ihr Text zudem, wenn Sie ihn in Absätze gliedern und eher kurze Sätze mit etwa 15 Wörtern formulieren. Fassen Sie sich insgesamt kurz. Zwei Seiten sind die maximale Länge für eine Pressemitteilung. Wenn Ihr Thema so interessant ist, dass der Journalist mehr darüber wissen will, wird er Sie sicher anrufen und ein Interview mit Ihnen führen. Geben Sie deshalb unbedingt Ihre vollständigen Kontaktdaten an und teilen Sie gegebenenfalls zusätzlich mit, wann Sie wo am besten zu erreichen sind.

Tipp
Holen Sie sich Unterstützung

Wenn Sie unsicher sind, ob Sie eine Pressemitteilung, die den genannten Kriterien entspricht, selbst schreiben können, holen Sie sich Unterstützung. Viele Journalisten übernehmen nebenher PR-Aufträge. Die 50 oder 100 Euro für deren Honorar sind gut investiert, wenn dadurch die Qualität Ihrer Pressemitteilungen stimmt und sie veröffentlicht werden.

Achtung: Selbst wenn es zu einem Abdruck oder einer Berichterstattung kommt, können Sie nicht erwarten, dass Ihr Text in voller Länge und im genauen Wortlaut veröffentlicht wird. Pressemeldungen sind urheberrechtlich nicht geschützt, das heißt, Journalisten können sie beliebig kürzen oder umschreiben und ihren eigenen Namen daruntersetzen. Wenn Sie Pech haben, gelangen auf diese Art sachliche Fehler in den Text. Oder Ihre schöne Aussage landet in einem Artikel, der genau die entgegengesetzte Meinung zu einem Thema vertritt. Dieses Risiko müssen Sie eingehen, wenn Sie Pressearbeit betreiben wollen.

Wie Sie ohne eigenen Presseverteiler auskommen

Einen Presseverteiler aufzubauen, zu pflegen und regelmäßig mit Meldungen zu versorgen, ist eine aufwendige Sache. Wenn Ihnen diese Aufgabe zu viel ist, können Sie auch Dienstleister einschalten, die Ihnen mitunter eine Menge Arbeit abnehmen. Zum einen gibt es PR-Agenturen, die Ihre Texte an ihren Verteiler versenden und ihre bereits bestehenden Kontakte zu Journalisten nutzen. Zum anderen können Sie die Texte auch gleich von der Agentur schreiben lassen. Je nach Größe und Art des Dienstleisters kostet Sie das monatlich ab 250 Euro. Daneben gibt es Internetanbieter, bei denen Sie Ihre PR-Meldungen einstellen können und die von Journalisten als Informationsquelle genutzt werden.

Praxisbeispiel

Georg Schütz, der Unternehmensberater, der auf Erfolgsbasis arbeitet, betreibt ebenfalls PR. „Ich schicke alle vier Wochen eine Pressemitteilung los, und zwar an openPR. Da ich möchte, dass die Pressemitteilungen gut gemacht sind, beauftrage ich einen Journalisten damit, sie zu schreiben. Das kostet mich 60 Euro je Mitteilung. Das Einstellen bei openPR ist kostenlos. Es lohnt sich; über mich wurde schon viel veröffentlicht, zum Beispiel in Online-Newslettern. Daraus haben sich bereits mehrere Anfragen ergeben."

openPR (www.openpr.de) hat nach eigenen Angaben etwa 1,2 Millionen Seitenaufrufe pro Monat. Etwa 3.000 Journalisten und Redaktionen haben den E-Mail-Newsletter abonniert, in dem sie sich die Pressemitteilungen, die in den für sie interessanten Themengebieten erscheinen, zusenden lassen. Bei openPR eine fertige Meldung einzustellen ist kostenlos. Nur wenn Sie eine bestimmte Platzierung oder eine redaktionelle Bearbeitung wünschen, ist das kostenpflichtig. Neben openPR gibt es viele weitere solcher Dienste, die teils kostenlos, teils kostenpflichtig sind. Eine Liste der aktuellen Anbieter finden Sie unter www.jeder-ist-unternehmer.de/presseportale.

Gibt es für Ihre spezielle Tätigkeit nur ein einziges fachspezifisches Medium? Dann brauchen Sie natürlich keinen Presseverteiler, sondern müssen lediglich den Kontakt zu einem Journalisten dieses Mediums herstellen und pflegen. In allen anderen Fällen empfiehlt sich ein Mix aus Presseverteiler beziehungsweise PR-Agentur und Online-Pressediensten, um eine möglichst gute Abdeckung der relevanten Medien zu erreichen.

5. So akquirieren Sie am Telefon

Die Telefonakquise ist einer der erfolgversprechendsten Wege zu neuen Kunden. Leider ist er auch einer der unbeliebtesten bei vielen Selbständigen. In diesem Kapitel geht es darum, die Bedeutung der Telefonakquise richtig einzuschätzen, die Angst davor abzubauen und effektive sowie praxiserprobte Techniken zu vermitteln, mit denen sie wirklich gelingt.

Können Sie sich ein Leben ohne Telefon vorstellen? Wohl kaum. Aber warum ist es zu einem so selbstverständlichen Bestandteil unseres Lebens geworden? Weil wir über dieses Medium fast genauso mit anderen Menschen reden können wie im Gespräch von Angesicht zu Angesicht. Telefonieren ist persönlicher und flexibler als alle anderen medialen Kommunikationsformen. Wir können am Hörer problemlos die Stimmung unseres Gesprächspartners erkennen, selbst wenn er tausende Kilometer entfernt ist. Wir können nachhaken, wenn etwas unklar ist, und Witze machen, ohne sie mit einem Emoticon („Smiley") kennzeichnen zu müssen. Billig ist das Telefonieren außerdem.

Warum nur ist es dann als Akquise-Instrument bei den meisten Selbständigen so unbeliebt? Denn das ist es. Ich kenne viele Selbständige und habe im Lauf der Recherchen zu diesem Buch viele Interviews geführt. Nur wenige nutzen das Telefon systematisch zur Kundengewinnung. Kaltakquise empfinden die meisten ohnehin als unangenehm, Telefonakquise verursacht ihnen geradezu Gänsehaut. Das ist schade. Wenn es darum geht, potenzielle Kunden erstmalig, also per „Kaltakquise" anzusprechen, ist das Telefon eines der effektivsten Werkzeuge. Wie sonst können Sie so schnell, direkt, flexibel und kostengünstig mit Ihren Kunden ins Gespräch kommen?

Im Gespräch

Mark Willner arbeitet seit 1990 selbständig als Vertriebspsychologe und Sales-Consultant mit Schwerpunkt Telefonakquise. Er bildet zudem Sales-Coaches aus.

Warum ist die Kaltakquise per Telefon eigentlich so unbeliebt?
Meist steckt hinter der Scheu vor telefonischer Akquise die Angst vor Ablehnung und das als demütigend empfundene Gefühl des verbalen Klinkenputzens. Mitunter spielt auch ein gewisser Stolz mit, etwa nach dem Muster: „Ich bin doch so gut, warum muss ich mich hier aufdrängen?"

Welche typischen Fehler machen Akquisiteure am Telefon?
(Lacht) Na ja, ein sehr häufiger Fehler ist sicherlich das unbewusste Vermeidungsverhalten, das aus der Akquise-Unlust entsteht. Man schiebt das Telefonieren vor

sich her, weil man ja so viel Dringenderes zu erledigen hat, weiß aber: „Eigentlich müsste ich ja." Irgendwann, wenn der Druck groß genug ist, nimmt man doch den Hörer in die Hand, ist im schlechten Zustand, kassiert drei Absagen – und stellt eventuell plötzlich sogar sein ganzes Geschäftsmodell infrage …

Und wie macht man es besser? Wie lautet Ihr Tipp?
Ihre innere Haltung zur Telefonakquise ist entscheidend: Sehen Sie darin Chancen und bereiten Sie sich vor wie ein Spitzensportler: Vergegenwärtigen Sie sich positive Kundenerlebnisse, freuen Sie sich auf Ihren Gesprächspartner (egal, in welcher Stimmung dieser ist) und seien Sie merk-würdig im wahrsten Sinne des Wortes! Kunden entscheiden unbewusst auf zwei Ebenen. Erstens: Wirkt der Akquisiteur als Mensch sympathisch und glaubwürdig, und bietet er mir – zweitens – einen attraktiven Gesprächsinhalt an? Sie sollten daher aus einer „freundlichen Stärke" heraus offensiv den Kunden für sich gewinnen.

Das „für sich gewinnen" ist aber gar nicht so einfach.
Nicht, wenn Sie ressourcenarm an die Akquise herangehen und nur auf sich selbst, Ihre Ängste und Wünsche konzentriert sind. Wenn Sie sich hingegen darauf konzentrieren, exzellent zu sein, dann heißt das, die Power aus einer persönlichen Vision zu ziehen. Im jeweiligen Telefonat sollte ich – gut vorbereitet – versuchen, den Menschen zu erreichen. Den emotionalen Zustand des Kunden würdigen und aufkommende Einwände nicht als persönliche Angriffe werten. Gerade zu Beginn des Gesprächs gilt es, nicht wie ein „sprechender Prospekt" zu wirken, sondern möglichst eine Beziehung zum Kunden aufzubauen – freundlich offensiv und mutig. Ideen, Produkte sowie Dienstleistungen brauchen eine Persönlichkeit, die schon am Telefon wirkt.

Sie halten also die Telefonakquise für Existenzgründer und Freiberufler für sinnvoll?
Ja, natürlich. Sie haben es doch viel besser als der Händler, der im Laden steht und auf Kunden warten muss. Sie haben ihr Produkt, ihr Telefonbuch und damit die ganze Welt!

Nutzen Sie die Vorteile der telefonischen Kontaktaufnahme

Ohne Telefon können Sie als Selbständiger nicht arbeiten. Ohne Telefon können Sie auch nicht wirksam akquirieren. Manchmal werden potenzielle

Kunden Sie anrufen, weil sie durch Pressearbeit, Internet, Networking oder Empfehlungen auf Sie aufmerksam geworden sind. Oft aber werden Sie selbst andere anrufen müssen, wenn Sie (neue) Kunden gewinnen wollen. Das Telefon ist hervorragend zur Anbahnung von Kontakten geeignet. Mit einem Anruf können Sie

- herausfinden, wer der richtige Ansprechpartner für Sie ist,
- ermitteln, ob und inwieweit Interesse an Ihrem Angebot besteht,
- sich selbst zumindest ein Stück weit als Person präsentieren,
- Ihren Ansprechpartner ein wenig kennenlernen und
- den nächsten Kontakt vorbereiten, etwa die Übersendung von Informationsmaterial oder einen persönlichen Termin.

Ihr Vorteil dabei: Am Telefon sind Sie als Person erkennbar und spürbar. Sie wirken wesentlich intensiver auf die Person am anderen Ende der Leitung, als es virtuell oder auf Papier möglich ist. Sie können einen echten Dialog führen und eine Beziehung zu Ihrem Gesprächspartner aufbauen. Sie müssen nur zum Hörer greifen.

Eine Einschränkung muss ich an dieser Stelle machen: Privatkunden dürfen Sie nicht über telefonische Kaltakquise ansprechen. Das ist – wie schon dargestellt – unseriös und zudem gesetzlich verboten. Die folgenden Ausführungen beziehen sich deshalb ausschließlich auf die Gewinnung von Geschäftskunden.

Gehen Sie mehrstufig vor

Die beste Wirkung entfaltet das Telefon in einem mehrstufigen Akquise-Prozess. Dabei sind mehrere Kombinationen denkbar. Die Wirkung eines Mailings beispielsweise vervielfacht sich, wenn Sie die Empfänger binnen einer Woche anrufen, nachdem sie den Brief erhalten haben. Erkundigen Sie sich, ob das Mailing angekommen und grundsätzlich auf Interesse gestoßen ist. Umgekehrt können Sie auch zuerst anrufen und nachfragen, ob Interesse an Ihrem Thema besteht, und anschließend Informationen per E-Mail oder Brief versenden. Eine Woche später ist dann wieder ein Anruf fällig …

Sinnvoll ist ein solches mehrstufiges Vorgehen aus folgendem Grund: Je öfter Sie Kontakt mit einem Kunden haben, desto eher wird er sich an Sie erinnern und sich überhaupt mit Ihrem Angebot beschäftigen. Das gilt erst recht, wenn Sie am Telefon einen sympathischen und kompetenten Eindruck bei Ihrem Gesprächspartner hinterlassen haben. Mehrmals kurz nacheinander anrufen sollten Sie trotzdem nicht, das kann andere schnell nerven. Wenn Sie dagegen Material verschickt haben, gibt es einen legitimen und in den Ohren Ihres Kunden nachvollziehbaren Grund, um noch einmal anzurufen.

Meine Buchprojekte verkaufe ich ebenfalls per Telefon. Zuerst einmal recherchiere ich gründlich über das ins Auge gefasste Thema und erstelle ein Exposé. Dann rufe ich die zwei oder drei infrage kommenden Verlage an und frage mich zur zuständigen Lektorin durch. Manchmal finde ich deren Namen und Durchwahlnummer sogar im Internet. Das Telefonat verläuft nach dem Schema: „Guten Morgen, ich bin Wirtschaftsjournalistin und -autorin und möchte gern ein Buch zum Thema Akquise schreiben. Ich habe gesehen, dass Sie eine Reihe für Existenzgründer im Sortiment haben, aber noch kein Buch zu diesem Thema. Haben Sie Interesse an einem Exposé für einen Akquise-Ratgeber?"

Ist die Antwort positiv, sende ich das Exposé per E-Mail an die Lektorin. Weitere zwei bis vier Wochen später rufe ich an und erkundige mich, ob es schon gelesen und für interessant befunden wurde. Falls die Lektorin noch keine Zeit hatte, rufe ich alle drei bis vier Wochen wieder an, um nachzufragen, wie es aussieht. Mit charmanter Hartnäckigkeit bekomme ich dann irgendwann eine Zusage. Oder eine Absage. Auf jeden Fall eine Antwort.

Lassen Sie sich nicht frustrieren

Zugegeben, eine gewisse Frustrationstoleranz brauchen Sie schon. Nicht jeder potenzielle Kunde wird sich über Ihren Anruf freuen und mit Ihnen ein positives, wertschätzendes Gespräch führen. Verständlich, denn Ihre Gesprächspartner werden schließlich nicht nur von Ihnen angerufen, sondern auch von vielen anderen Dienstleistern. Entsprechend genervt reagieren sie auf den 25. Anrufer an einem Tag. Oder sie haben gerade viel zu tun, wissen nicht, wo ihnen der Kopf steht, und wollen sich nicht auch noch mit Ihnen und Ihrem Angebot beschäftigen. Oder sie sind einfach arrogante, unfreundliche Zeitgenossen, die ihre schlechten Manieren an Ihnen auslassen. Na und? Bleiben Sie in solchen Situationen Profi, nehmen Sie so etwas nicht persönlich.

Thomas Schlayer ist seit 1998 als Trainer und Marketingberater selbständig. Seine ersten Kunden hat er über Telefonakquise und persönliche Besuche gefunden. „Am Anfang fand ich die Telefonakquise sehr frustrierend. Aber im Lauf der Zeit habe ich gelernt, dass es mich nicht weiterbringt, wenn ich mich über Zurückweisungen ärgere, sondern dass mich das zurückwirft. Also habe ich meine Einstellung geändert: Auch heute treffe ich am Telefon auf fehlende Wertschätzung, Arroganz und Hochnäsigkeit. Aber inzwischen sehe ich das sehr sportlich. Selbst wenn das acht von zehn Anrufen betrifft, lasse ich mich davon nicht mehr runterziehen. Ich denke mir: ‚Das waren acht Menschen, die es nicht verdient haben, dass ich für sie arbeite.' Mein Anspruch an mich ist, dass ich selbst aus den negativsten Telefonaten etwas lerne, das mich weiterbringt. Zum Beispiel notiere ich mir Argumente, mit denen man mich abweist, und baue sie als Übung in ein Seminar ein."

Entwickeln Sie die richtige innere Haltung zur Telefonakquise

Akquise mit Unlust und unter Druck führt in die berühmte Abwärtsspirale: Je unlustiger Sie sind, desto negativer ist Ihre Ausstrahlung. Je negativer Sie wirken, desto weniger Erfolg werden Sie haben, desto frustrierter beginnen Sie mit dem nächsten Telefonat … Stopp! Gehen Sie an Ihre nächsten Telefonate anders heran. Mit einer Einstellung, die Ihnen ein lockeres, angstfreies Gespräch und damit ganz automatisch mehr Erfolg ermöglicht. Sie brauchen keine Bedenken zu haben, weil Sie weder eine Extra-Schulung besucht noch die geheimen Verführungstricks der angeblich toperfolgreichen Telefonverkäufer erlernt haben. Wenn Sie sich sehr unsicher fühlen, kann ein Seminar bei einem guten Trainer durchaus nützlich sein. Aber auch dort werden Sie vorrangig an Ihrer inneren Haltung arbeiten.

Machen Sie sich Folgendes bewusst: Kunden gewinnen Sie nicht durch raffiniert eingesetzte Techniken. Kunden lassen sich weder manipulieren noch überreden. Erinnern Sie sich an die Worte Peter F. Druckers: Kunden entscheiden sich für Ihr Angebot, wenn sie einen Nutzen darin sehen. Diesen Nutzen müssen Sie am Telefon glaubhaft vermitteln. Das ist das Geheimnis des erfolgreichen Telefonierens. Umsetzen können Sie es über eine solide Vorbereitung und einen achtsamen Umgang mit Ihren Gesprächspartnern.

Bereiten Sie sich gut vor

Der wichtigste Punkt ist die sorgfältige Qualifizierung der Adressen. Sie müssen hundertprozentig in Ihre Zielgruppe passen und aktuell sein. Sie sollten sich über jedes einzelne Unternehmen, das Sie anrufen, vorab informieren: Wie groß ist es? Welche Leistungen erbringt es? Wer sind seine Kunden? Wer sind seine Wettbewerber? Mit welchen Problemen hat es vermutlich zu kämpfen? Nur wenn Sie die Situation der von Ihnen Umworbenen verstehen, können Sie den Nutzen Ihres Angebots mit deren Augen sehen und bewerten.

Stimmen Sie sich auf die Akquise ein

Sie haben sich gestern mit Ihrem Partner gestritten, danach zu tief ins Glas geschaut und heute schlechte Laune und Kopfweh? Dann ist heute nicht der richtige Tag für Sie, um mit der Telefonakquise anzufangen. Miese Stimmung ist schlecht für das Geschäft. Andererseits sollten Sie auch nicht auf den einen einzigen Glückstag im Jahr warten, an dem Sie so unglaublich gut gelaunt sind, dass Sie sich alles zutrauen – selbst die ach so schreckliche Telefonakquise. Wählen Sie einfach einen ganz normalen Tag mit guter Grundstimmung aus. Führen Sie sich nochmals die Details zu den Unternehmen, die Sie anrufen wollen, vor Augen und stellen Sie sich geistig auf deren Bedürfnisse ein.

Überfordern Sie sich nicht

Stecken Sie sich realistische Ziele, denn zu hohe Erwartungen setzen Sie unnötig unter Erfolgsdruck. Sie wollen ein paar Unternehmen anrufen, die Sie mittelfristig gern als Kunden gewinnen wollen. Ihr Ziel für heute ist es, bei möglichst vielen Ansprechpartnern ein wenigstens vages Interesse zu wecken. Damit möchten Sie den Grundstein für weitere Kontakte und den Aufbau einer langfristigen Kundenbeziehung legen. Das reicht völlig aus.

Laufen Sie sich warm

Jeder Sportler weiß, wie wichtig das Aufwärmtraining ist. Erst danach können die Muskeln Höchstleistungen schaffen. Auch als Akquisiteur sollten Sie sich warmlaufen, bevor Sie so richtig loslegen. Fangen Sie also nicht gleich am ersten Morgen mit dem wichtigsten Unternehmen auf Ihrer Liste an. Wählen Sie erst mal drei oder vier aus, die weiter unten rangieren und bei denen es nicht weiter schlimm ist, wenn der Anruf danebengeht. Sie werden sehen: Wenn es nicht so sehr auf den Erfolg ankommt, können Sie vergleichsweise locker an die Sache herangehen, ungezwungen und humorvoll mit Ihren Gesprächspartnern plaudern und auf diese Weise positive Gespräche führen. So stellt sich nicht nur Erfolg ein, sondern auch gute Laune. Sobald es so weit ist, sind Sie in der richtigen Verfassung, um es bei einer wichtigen Adresse zu probieren.

Fahren Sie die Antennen für Ihre Kunden aus

Bei der Akquise geht es nicht um Sie. Es geht um Ihre Kunden und deren Bedürfnisse. Entsprechend achtsam und wertschätzend sollten Sie sich verhalten. Achten Sie beispielsweise darauf, wie sich die Person am anderen Ende der Leitung meldet. Klingt ihre Stimme fröhlich? Hektisch? Genervt? Gehen Sie auf ihre besondere Stimmung ein, wenn Sie sie heraushören.

„Wie schön, auf jemanden zu treffen, der so fröhlich und gut gelaunt klingt!" Oder falls das Gegenteil der Fall ist: „Sie hören sich ein wenig gestresst an. Haben Sie einen Moment Zeit für mich oder soll ich später nochmal anrufen?" Das zu fragen ist nicht nur höflich, sondern auch zielführender, als wenn Sie Ihren Einstieg abspulen. Es hat keinen Sinn, jemandem ein Gespräch aufzuzwingen, der überhaupt nicht in der Stimmung dafür ist. Am anderen Ende der Leitung sitzt ein Mensch. Als solchen sollten Sie ihn wahrnehmen und daher versuchen, sich auf ihn, seinen emotionalen Zustand und seine Bedürfnisse, einzustellen.

Tipp
Den Gesprächspartner im Blick

Es wird Ihnen leichter fallen, auf die Person am anderen Ende der Leitung einzugehen, wenn Sie nicht nur ihre Stimme im Ohr, sondern auch ein Bild, ein Gesicht dazu im Kopf haben. Wenn Sie den Angerufenen noch nicht persönlich kennengelernt haben, können Sie sich mit einem Trick behelfen: Bei der Vorbereitung Ihres Anrufs werden Sie ohnehin die Website des Kundenunternehmens aufsuchen. Schauen Sie dort auch gleich nach, ob ein Bild von Ihrem Ansprechpartner zu finden ist. Oder werfen Sie einen Blick ins XING-Netzwerk. Auch dort finden Sie viele Personen samt Fotos. Die Seite mit dem Bild rufen Sie dann auf, bevor Sie anrufen. So haben Sie Ihren Gesprächspartner vor Augen, wenn Sie mit ihm sprechen – Sie werden erstaunt sein, um wie viel persönlicher Ihr Gespräch dadurch wird.

Führen Sie das Gespräch auf Augenhöhe

Kennen Sie auch das Gefühl, wenn man jemanden unter Druck anruft, weil man meint, unbedingt und dringend akquirieren und damit seine Leistung verkaufen zu müssen? In einer solchen Situation ist es schwer, auf gleicher Augenhöhe zu kommunizieren. Ich fühle mich dann plötzlich doch als Bittsteller, der aus einer unterlegenen Position heraus auf Gnade hofft. Das aber ist grundverkehrt und kontraproduktiv. Deswegen ist es so wichtig, dass Sie regelmäßig und systematisch akquirieren. Denn dann verringert sich der Druck, der mit dem einzelnen Gespräch verbunden ist. Und Sie können sich leichter vergegenwärtigen, dass Sie sich gar nicht „verkaufen" müssen, sondern voller Enthusiasmus für sich und Ihre hervorragende Leistung werben dürfen. Dass Sie etwas Nützliches und Wertvolles zu bieten haben. Dass Sie auf gleicher Ebene, von (potenziellem) Partner zu Partner sprechen.

Reflektieren Sie Ihr Vorgehen

Wenn Sie gut vorbereitet, selbstbewusst und natürlich an Ihre Telefonate herangehen, werden Sie auch Erfolg haben. Auf jeden Fall sollten Sie regelmäßig überprüfen, ob Sie auf dem richtigen Weg sind. Niemand ist von Anfang an überall perfekt. Der Weg zur Perfektion ist ein stetiger Annäherungsprozess, der nicht ohne Selbstreflexion funktioniert. Ziehen Sie also am besten nach jeder Telefonaktion ein Fazit: Wie ist es gelaufen? Haben Sie Ihre Ziele erreicht? Hatten Sie wenigstens ein paar gute Gespräche oder wurden Sie regelmäßig schon von der Sekretärin abgewimmelt? Seien Sie bei der Beantwortung dieser Fragen durchaus selbstkritisch.

Wenn von zehn Telefonaten kein einziges auch nur irgendwie vielversprechend war, kann es daran liegen, dass Sie es mit einer schwierigen Zielgruppe zu tun haben und gegen starke Wettbewerber kämpfen müssen. Es kann aber auch daran liegen, dass Sie nicht die richtigen Ansprechpartner angerufen haben, ungeschickt ins Gespräch eingestiegen sind oder nicht das richtige Angebot für Ihre Kunden hatten. Versuchen Sie, die Gründe für das Scheitern zu analysieren und es beim nächsten Mal anders zu machen. Besser.

Ihr Telefonleitfaden: Wie Sie sicher Kunden gewinnen

Akquise-Profis arbeiten mit einem Gesprächs- oder Telefonleitfaden. Das heißt, sie durchdenken im Vorfeld ihre Vorgehensweise und Argumentation und formulieren alles schriftlich aus. Ergebnis ist eine Art Drehbuch, in dem der wahrscheinliche Gesprächsverlauf, die zu erwartenden Antworten und Einwände des Kunden sowie mögliche Reaktionen darauf festgehalten werden. Folgende Bestandteile gehören in einen solchen Leitfaden:

- Ein positiver und nutzenorientierter Gesprächseinstieg
- Fragen, mit denen Bedürfnisse und Probleme des Kunden schnell und gezielt erfasst werden können
- Alle Argumente, die aus Kundensicht für Ihr Angebot und seinen Nutzen sprechen
- Mögliche Einwände des Kunden (zu teuer, kein Bedarf, geht bei uns nicht) und alle Argumente, mit denen Sie diese entkräften können
- Eine Liste der Informationen, die Sie beim Angerufenen abfragen müssen, um ein individuelles Angebot erstellen zu können
- Formulierung der Ziele, die Sie mit dem Anruf verfolgen
- Ein positiver und zukunftsweisender Gesprächsausstieg

Achtung: Der Leitfaden ist nicht dazu gedacht, dass Sie ihn bei jedem einzelnen Telefonat wortwörtlich ablesen. Dieses Vorgehen verträgt sich nicht mit individueller und überzeugender Kundenansprache. Sie haben sicher schon selbst genug lustlos heruntergespulte Call-Center-Anrufe erhalten, um zu wissen, was ich meine. Sprechen Sie frei, aber nutzen Sie Ihr Skript zur gedanklichen Vorbereitung und Einstimmung. Zudem kann es als Wegweiser dienen, an dem Sie sich orientieren können, wenn Sie in einem Gespräch plötzlich den Faden verlieren. Nehmen Sie sich Zeit für die Erarbeitung, dieser Leitfaden wird sehr nützlich für Sie sein.

Wie Sie einen positiven Gesprächseinstieg finden

Werner Tautz hat erklärt, worauf es beim Einstieg ankommt: Er muss kurz und knackig sein und sofort das Interesse der Angesprochenen wecken. Ein Patentrezept gibt es dafür nicht. Je nach Situation können Sie als Erstes ein Nutzenargument vorbringen, eine Frage stellen oder sich mit einem Elevator Pitch vorstellen. Wenn Ihnen danach ist, mischen Sie ruhig auch eine Prise Humor in Ihren Einstieg. Am Anfang wird Ihnen das vielleicht schwierig vorkommen, aber je sicherer Sie werden, desto öfter können Sie es damit probieren. Das macht nicht nur mehr Spaß, sondern ist mit dieser Zutat oftmals auch erstaunlich erfolgreich. „Wer lacht, der kauft", das besagt eine Verkäuferweisheit.

Im Gespräch

Werner Tautz ist seit Anfang 2005 selbständig. Seine Selbstbeschreibung lautet: „Ich gewinne Kunden für meine Kunden", und zwar per Telefonakquise. Seine eigenen Kunden gewinnt er ebenfalls zu 90 Prozent über diesen Weg.

Benutzen Sie einen Telefonleitfaden?
Ja, ich arbeite mit einem Telefonskript, in dem ich die wichtigsten Nutzenargumente zusammengestellt habe. Die formuliere ich zuerst genau aus, notiere sie mir dann aber zusätzlich in Form von Stichpunkten. Bei meinen Anrufen spreche ich frei und verwende die Stichpunkte als Orientierungshilfe. Man darf nicht am Skript kleben oder es sogar ablesen, denn das merken die Angerufenen sofort.

Was zeichnet einen guten Telefonleitfaden aus?
Das Wichtigste ist ein guter Einstieg. Ich habe ja nicht lange Zeit. Nach ein bis drei Sätzen muss beim Kunden der Groschen gefallen sein und er muss verstanden haben, worum es geht und welchen Nutzen er von meinem Angebot hat.

Wie sieht denn ein guter Einstieg aus?
Beispielsweise habe ich ein Instandhaltungsunternehmen als Kunden. Wenn ich für diese Firma telefoniere, rufe ich Industriebetriebe im Umkreis von 40 Kilometern an, frage mich zum verantwortlichen Entscheider durch und beginne etwa so: „Guten Tag. Wir, die Firma XY, unterstützen Ihre Instandhaltungsabteilung, wenn bei Ihnen wegen Urlaubszeit oder guter Auftragslage gerade die Ressourcen knapp sind. Wir sind ganz in Ihrer Nähe und können bei Bedarf schnell und flexibel da sein. Darf ich Ihnen weitere Informationen über uns zuschicken?" Besteht Interesse – und das ist bei jedem zweiten Telefonat der Fall –, verschicke ich Informationsmaterial per E-Mail. Wenn sich dann nichts rührt, rufe ich nach drei Tagen nochmal an. Mit etwa zehn bis 15 Prozent der Angerufenen wird ein konkreter Termin vereinbart. Ein Großteil davon wird zu Kunden.

Legen Sie sich unterschiedliche Gesprächseinstiege zurecht und probieren Sie sie einfach aus. Stellen Sie sich dazu vor, Sie bieten Ladenbau und -gestaltung für Einzelhandelsunternehmen an. So könnten Sie einsteigen: „Guten Morgen, hier ist Richard Hansen …"

Nutzenversprechen zuerst: „… Ich habe mir gestern Ihren Laden angesehen, den ich sehr ansprechend finde. Ich habe ein paar Ideen, wie Sie ohne großen Aufwand für noch mehr Kundenfrequenz darin sorgen könnten. Darüber würde ich gern mit Ihnen sprechen."

Zuerst Bedarf ermitteln: „… Ich habe mich als Ladenbauer auf Maßnahmen zur Frequenzsteigerung spezialisiert. Sind Sie denn mit der Kundenfrequenz in Ihrem Laden in XY zufrieden?"

Elevator Pitch: „… Ich bin Ladenbauer. Meine Spezialität sind Optimierungskonzepte für kleine Flächen. Sie haben ja einen Laden mit weniger als 150 Quadratmetern Verkaufsfläche – darf ich Ihnen unverbindlich ein paar Ideen vorstellen, wie Sie ihn noch attraktiver gestalten können?"

Humorvoll: „… Ich möchte mich gern mit Ihnen über Ihren Ladenbau unterhalten. Natürlich nur, weil ich ein paar Verbesserungsvorschläge habe und Ihnen ein Optimierungskonzept verkaufen will. Möchten Sie trotzdem mit mir sprechen?"

Entscheiden Sie selbst, welche Art von Einstieg Ihnen am sympathischsten ist. Beachten Sie aber, dass er in jedem Fall positiv sein muss. Eine Korrekturleserin erzählte mir beispielsweise, wie sie versuchte, mit dem folgenden Einstieg kleine Unternehmen als Kunden zu gewinnen: „Guten Tag, ich bin Korrektorin. Ich habe mir Ihre Website angesehen und festgestellt, dass dort etliche Rechtschreib- und Grammatikfehler enthalten sind. Da das sicher keinen guten Eindruck auf Ihre Kunden macht, möchte ich Ihnen anbieten, Ihre Website Korrektur zu lesen …"

Es wird Sie nicht überraschen, dass dieser Akquise-Versuch nicht erfolgreich war. Sachlich hatte die Korrektorin völlig recht. Die Seiten waren teilweise grottenschlecht geschrieben, und die Texte enthielten tatsächlich viele Fehler. Objektiv war Bedarf an ihrer Leistung vorhanden. Aber psychologisch gesehen war ihre Vorgehensweise ungeschickt. Die meisten Adressaten hatten ihre Texte mit viel Mühe und Herzblut selbst erstellt, nahmen die Kritik an ihrem Werk persönlich und wimmelten die Anruferin beleidigt ab. „Ich möchte Ihnen helfen, Ihre schöne Website noch werbewirksamer zu machen" hätte als Einstieg sicher besser funktioniert.

Kein Kauf ohne Nutzen

Sicher wird es immer auch Fälle geben, in denen potenzielle Kunden objektiv Bedarf an einer Leistung haben, sich dessen aber nicht bewusst sind oder es nicht wahrhaben wollen. In diesen Fällen werden Sie selbst mit der besten Akquise und dem tollsten Gesprächseinstieg scheitern. Wenn der Kunde keinen Nutzen sieht, kauft er nicht.

Mit diesen Fragen können Sie den Bedarf ermitteln

„Sind Sie interessiert an einem erprobten Ladenbaukonzept für mehr Frequenz auf kleinen Flächen?" Das ist eine sehr konkrete Frage zur Bedarfsermittlung. Sie hat allerdings den Nachteil, dass man sie nur mit „Ja" oder „Nein" beantworten kann. Bei einem „Nein" sind Sie draußen. In Verkäuferschulungen wird deswegen häufig der Aufbau einer sogenannten Ja-Straße empfohlen. Das bedeutet, dass Sie Fragen, oder besser: als Fragen getarnte Aussagen, formulieren, denen man eigentlich nur zustimmen kann. Hat der Kunde erst ein paar Mal „Ja" gesagt, ist er bereits positiv eingestimmt und wird Ihr Angebot eher annehmen. Dieses Vorgehen könnte folgendermaßen aussehen: „Als Einzelhändler legen Sie sicher Wert auf eine hohe Kundenfrequenz im Laden?" „Ja", „Es wäre doch schön, wenn Sie die mit ein paar einfachen Maßnahmen ohne größeren Aufwand erzielen könnten?" „Ja", „Dann sind Sie bestimmt an unserem Ladenbaukonzept ‚Frequenz plus' interessiert?" „Ja".

Ich möchte an dieser Stelle darauf hinweisen, dass ich die Ja-Straßen-Technik nicht mag. Sie ist manipulativ und dem Aufbau einer vertrauensvollen Geschäftsbeziehung deswegen nicht dienlich. Außerdem wird sie von vielen Call-Center-Agenten so lehrbuchgemäß angewendet, dass sie inzwischen überstrapaziert ist. Viele Angerufene gerade im Geschäftskundenbereich erkennen diese Technik und gehen automatisch in Abwehrhaltung. Zudem sollte es nicht Ihr Ziel sein, potenzielle Kunden zu etwas zu überreden, das sie gar nicht wollen. Selbst wenn Sie das schaffen, haben Sie auf Dauer keinen Nutzen davon.

Versuchen Sie stattdessen, mit offenen Fragen herauszufinden, ob und inwieweit ein Bedarf an Ihrer Leistung vorhanden ist. Formulieren Sie also so, dass Ihr Gesprächspartner nicht einfach mit „Ja" oder „Nein" antworten kann. Damit haben Sie den psychologischen Vorteil, dass nicht so schnell ein „Nein" kommen und Sie aus dem Gespräch kicken kann. Hinzu kommt, dass Sie aus den Antworten wesentlich mehr Informationen herausziehen können, die Ihnen im weiteren Gespräch und bei der Angebotserstellung nützlich sein können. „Wer fragt, der führt" heißt eine weitere Verkäuferweisheit, die Sie sich für Ihre Akquise-Gespräche merken sollten.

Versetzen Sie sich nun noch einmal in die Rolle des Ladengestalters. Ein gutes Telefonat für ihn könnte so ablaufen:

Ladengestalter: „Sicher sind Sie als Händler gut beschäftigt und möchten keine Zeit mit unnützen Telefonaten verschwenden. Deshalb möchte ich Ihnen vorab zwei kleine Fragen stellen, um abzuklären, welches meiner Angebote für Sie am nützlichsten sein könnte, einverstanden?"

Händler: „Ja, aber kurz, ich habe wirklich keine Zeit."

Sie: „Wie zufrieden sind Sie mit Ihrer derzeitigen Kundenfrequenz?"

Händler: „Die ist schon ganz gut, aber natürlich hätte man immer lieber mehr Kunden."

Sie: „Das Erscheinungsbild eines Ladens ist heute ja sehr wichtig. Was würden Sie am Aussehen Ihres Geschäfts ändern, wenn Geld dabei überhaupt keine Rolle spielen würde?"

Händler: „Größere Schaufenster wären schön, dann könnten wir besser dekorieren. Und der Eingangsbereich dürfte großzügiger sein."

Sie: „Ja, gerade in den älteren Ladenbauten sind die Türen oft zu unauffällig und zu klein. Da kann man aber mit einer speziellen Beleuchtung und einer geschickten Gestaltung der Bodenbeläge viel machen. Das kostet nicht viel, lässt aber den Eingangsbereich optisch deutlich heller und einladender wirken. Ich kann Ihnen das gern zeigen …"

Schweigen Sie an den richtigen Stellen

Verlieren Sie vor lauter Fragetechnik nicht das Ziel Ihrer Telefonate aus den Augen: Sie wollen Antworten vom Kunden bekommen. Die müssen Sie mit Ihren Fragen aus ihm herauskitzeln. Und durch Gesprächspausen ermöglichen. Nervöse Akquisiteure machen am Telefon oft den Fehler, selbst zu viel zu reden und den Angerufenen kaum zu Wort kommen zu lassen. Manchmal ist das sogar Absicht, aus lauter Angst, dass wenn der Kunde endlich dazu käme, ein Wort zu formulieren, dieses ein „Nein" wäre.

Dieses Risiko besteht tatsächlich, aber es wird noch deutlich größer, wenn die Person am anderen Ende der Leitung mit einem Redeschwall überschüttet wird. Das wirkt aufdringlich und beweist gleichzeitig wenig Interesse am Kunden. Echte Gespräche entstehen erst, wenn auf Fragen Antworten und auf Argumente Gegenfragen oder Einwände folgen. Wenn Sie von Ihrem Angebot und seinem Nutzen wirklich überzeugt sind, können Sie es sich leisten, im Gespräch Pausen einzulegen. Mit Schweigen zeigen Sie Souveränität und Stärke.

Wie Sie Argumente formulieren und mit Einwänden umgehen

Was auch immer Sie sagen und womit auch immer Sie den Kunden überzeugen wollen: Letztendlich ist seine Sichtweise auf die Dinge, sein Nutzen entscheidend. Wie Sie die Bedürfnisse Ihrer Kunden erkennen und Ihre Stärken in Nutzenargumente umsetzen, haben Sie im Kapitel „3. Wer sind Ihre Kunden und was wollen sie?" bereits erfahren. Erinnern Sie sich nun daran, welche Antworten Ihnen bei den Übungen eingefallen sind. Lesen Sie in Ihren Notizen nach. Ihre Argumentationskette sollte durchgängig gestaltet sein. Beispiel: „Hell ausgeleuchtete Ladeneingänge wirken für Kunden unbewusst attraktiver, damit steigt die Frequenz erfahrungsgemäß um mindestens zehn Prozent."

Natürlich wird trotzdem nicht jeder, den Sie anrufen, gleich interessiert und begeistert von Ihrem Angebot sein. Nicht wenige werden versuchen, Sie mit den Killer-Argumenten „keine Zeit", „kein Interesse", „kein Bedarf" abzuwimmeln. Passiert dies schon, bevor Sie überhaupt Gelegenheit hatten, sich und Ihr Angebot richtig vorzustellen, handelt es sich wahrscheinlich nicht um echte Einwände. Lassen Sie sich durch solch vorgeschobene Gründe nicht entmutigen, haken Sie gleich noch einmal nach. Es folgen Beispielformulierungen, wie Sie mit diesen typischen Aussagen umgehen:

Keine Zeit: „Wenn es jetzt gerade nicht passt, rufe ich gern später nochmal an. Wir brauchen nur fünf Minuten, und ich bin sicher, dass Sie von meinem Angebot profitieren werden. Wann darf ich Sie wieder anrufen?"

Kein Interesse: „Lassen Sie mich ganz kurz erläutern, worum es geht. Wir haben beide keine Zeit zu verschwenden, aber es wäre doch schade, wenn Sie jetzt auflegen und Ihre Chance auf (Nutzen nennen) verpassen."

Kein Bedarf: „Lassen Sie uns kurz abklären, inwieweit mein (Produkt oder Dienstleistung nennen) für Sie interessant sein könnte. Das ist mit zwei, drei Fragen erledigt. Wenn Sie danach immer noch keinen Bedarf sehen, können Sie wenigstens ganz sicher sein, dass Ihnen keine Chance entgeht."

Anders sieht es aus, wenn ein Angerufener zwar generell interessiert ist, aber echte Bedenken hat und sie äußert. Darauf sollten Sie sachlich eingehen. Wichtig ist, dass Sie die Einwände Ihres Gesprächspartners ernst nehmen und sie trotzdem entkräften, um ihn nach und nach zu überzeugen. Wieder hören wir dem Ladenbauer zu.

Händler: „Ich hätte ja gern einen anderen Ladenbau, aber das ist viel zu teuer."

Ladenbauer: „Ja, im Ladenbau kann man eine Menge Geld verbauen." (*Einwand annehmen und gelten lassen*) „Aber oft lassen sich schon mit ein paar überschaubaren Investitionen erstaunliche Wirkungen erzielen." (*Einwand relativieren*) „Ich kann Ihnen ein Beispiel zeigen, da hat ein Händlerkollege nur knapp 4.000 Euro investiert und dadurch seine Kundenfrequenz dauerhaft um zehn Prozent gesteigert."

Händler: „4.000 Euro! Das gibt mein Budget nicht her."

Ladenbauer: „Wissen Sie was? Ich biete Ihnen einen kostenlosen Erst-Check vor Ort an. Wir schauen uns gemeinsam Ihren Laden an und arbeiten die wichtigsten Maßnahmen heraus. Dann mache ich Ihnen ein unverbindliches Angebot. Ich arbeite übrigens nur mit Festpreisen. Dann sehen Sie genau, was wie viel kostet, und können überlegen, was Sie wann finanziell einplanen können."

Händler: „Hm, ja, also wenn das wirklich unverbindlich ist …"

Ladenbauer: „Prima, dann machen wir das. Wie sieht es denn bei Ihnen am Mittwochvormittag aus?"

So kommen Sie auf den Punkt

Dieses Beispiel hat gezeigt, wie man elegant auf den Punkt kommt: Oft lassen sich Einwände als Ansatzpunkte nutzen, um Aufforderungen wie „Probieren Sie es doch", „Schauen Sie sich mein Angebot genauer an" oder „Lassen Sie uns einen Termin ausmachen" anzubringen, je nachdem, was das Ziel Ihres Gesprächs ist. Vergessen Sie nicht: Es ist in aller Regel unrealistisch, dass Sie am Telefon direkt einen Abschluss erzielen.

Ob Ihr Ziel darin besteht, ein Probierpaket an den Mann zu bringen, einen Termin zu machen oder ein Angebot erstellen zu dürfen: Irgendwann müssen Sie konkret nachfragen, ob der Angerufene einverstanden ist. Viele

Verkäufer scheuen vor dieser Abschlussfrage zurück, weil sie fürchten, dass am Ende doch noch ein „Nein" steht. Das kann auch passieren. Doch wenn Ihr Angebot wirklich gut ist, hat Ihr Gesprächspartner dazu keinen Grund. Und mit genau dieser Haltung stellen Sie Ihre Abschlussfrage.

Der Ladenbauer hätte am Ende des Gesprächs auch fragen können: „Möchten Sie einen Termin für ein Erstgespräch vereinbaren?" Diese Fragestellung ist ungünstig, denn sie spricht offen aus, dass die Sache noch keineswegs entschieden ist, und erleichtert damit einem noch zweifelnden Kunden die Ablehnung. Geschickter ist die Formulierung aus dem Beispiel, weil sie eine Einigung voraussetzt: „Prima, dann machen wir das. Wie sieht es denn bei Ihnen am Mittwochvormittag aus?" Zur Debatte steht jetzt nicht mehr, ob, sondern wann der Termin stattfinden soll.

Wie Sie ein Gespräch gut abschließen

Wenn ein Telefonat zu Ihrer Zufriedenheit verlaufen ist, fällt es leicht, es positiv zu beenden: Fassen Sie die getroffene Vereinbarung nochmal zusammen, bedanken Sie sich oder sagen Sie, dass Sie sich über das Ergebnis freuen, und verabschieden Sie sich: „Gut, dann sehen wir uns also am Mittwoch um 8:30 Uhr in Ihrem Laden in der Königstraße. Ich freue mich schon darauf. Auf Wiedersehen."

Aber auch aus weniger erfolgreich verlaufenen Gesprächen sollten Sie sich freundlich und souverän verabschieden. Das gilt selbst dann, wenn der Angerufene unhöflich oder gar unverschämt war. Zum einen sind Sie das Ihrer Selbstachtung schuldig, zum anderen wissen Sie nicht, wann Sie jemandem wieder begegnen. Und wenigstens Sie sollten keinen Grund haben, bei einem erneuten Aufeinandertreffen peinlich berührt zu sein. Geeignet ist eine Formulierung wie: „Ich finde es schade, dass mein Angebot nicht Ihr Interesse weckt. Ich wünsche Ihnen trotzdem noch einen schönen Tag *(ironiefrei!)*. Auf Wiedersehen."

Zum souveränen Umgang mit Gatekeepern

Wenn Sie nicht andere Solo-Selbständige anrufen, werden Sie häufig nicht sofort Ihre Zielperson erreichen. Sie landen bei anderen Mitarbeitern, in Telefonzentralen oder bei einer Sekretärin. Das stellt Sie vor zwei Herausforderungen: Zum einen müssen Sie unter Umständen erst einmal herausfinden, wer überhaupt der richtige Ansprechpartner für Sie ist, wenn Sie das vorab noch nicht erledigen konnten. Zum anderen haben die wichtigen Personen, die Entscheider im Unternehmen, oft einen „Gatekeeper" (wörtlich: „Türhüter"). Dessen Aufgabe besteht darin, eine bestimmte Person abzuschirmen und lästige Anrufer von ihr fernzuhalten. Häufig übernimmt diese Aufgabe eine Sekretärin oder ein persönlicher Assistent.

An einem Mitarbeiter oder der Telefonzentrale vorbeizukommen, ist meist nicht weiter schwierig. Sie nennen Ihren Namen und sagen, mit wem Sie verbunden werden wollen. Wenn Sie noch nicht genau wissen, wer Ihr Ansprechpartner ist, fragen Sie danach: „Ich würde gern mit der Person in Ihrem Hause sprechen, die für XY zuständig ist." Meist kommt dann als Antwort „Ich verbinde Sie mit Frau K.". Lassen Sie sich gegebenenfalls den Namen wiederholen oder sogar buchstabieren, um nicht gleich den Gesprächseinstieg zu verpatzen, indem Sie zum Beispiel aus Frau Kettl-Römer Frau Kemel oder Krömer machen.

Ist die fragliche Person gerade in einem Gespräch oder nicht am Platz, fragen Sie nach der Durchwahl, damit Sie sie später direkt anrufen können. In manchen Unternehmen wird die Durchwahl bestimmter Personen an der Zentrale grundsätzlich nicht herausgegeben. Erkundigen Sie sich danach, ab wann Ihre Zielperson aller Wahrscheinlichkeit nach wieder in seinem Büro zu erreichen ist. Bringen Sie auch in Erfahrung, wie lange sie abends üblicherweise im Büro ist oder morgens kommt. Oft erreicht man gegen 18:00 Uhr oder freitagnachmittags Entscheider besser als zu den üblichen Bürozeiten.

Lässt ein Entscheider sich von einem Sekretär oder einer Assistentin abschirmen, hat er dafür gute Gründe. Für Sie ist das ein guter Anlass, diesen Gatekeeper besonders wertschätzend zu behandeln. Ihn zu umgehen oder gar arrogant zu behandeln, wird nicht funktionieren. Häufig laufen Telefonanrufe so ab:

Sekretärin: „XY GmbH, Heidelinde Weiß, guten Morgen."

Anrufer: „Guten Morgen, hier ist Marco Wohlfahrt. Ich möchte Herrn Gottlieb sprechen."

Sekretärin: „Worum geht es denn?"

Anrufer: „Das sage ich Herrn Gottlieb lieber persönlich."

Sekretärin: „Herr Gottlieb ist gerade nicht zu sprechen. Wenn Sie mir sagen, worum es geht, werde ich ihm ausrichten, dass Sie angerufen haben."

Anrufer: „Ach, dann rufe ich lieber später nochmal an."

Erfolgreicher werden Sie sein, wenn Sie die Sekretärin und ihre Aufgabe ernst nehmen. Noch besser werden Sie ankommen, wenn Sie sie zu Ihrer Verbündeten machen. Oder wenn Sie sie zum Lachen bringen:

Sekretärin: „XY GmbH, Heidelinde Weiß, guten Morgen."

Anrufer: „Guten Morgen, hier ist Marco Wohlfahrt. Frau Weiß, ich bin Schreiner und spezialisiert auf repräsentative Büromöbel. Darüber würde ich gern mit Herrn Gottlieb sprechen, aber zuerst mal ganz unter uns gefragt: Wie finden Sie denn den Schreibtisch und die Besprechungsecke Ihres Chefs?"

Sekretärin (lacht): „Unaufgeräumt."

Anrufer: „Also, da muss ich doch mal ein ernstes Wort mit Herrn Gottlieb sprechen. Wenn Sie mich mit ihm verbinden, sage ich ihm auch, dass er mal aufräumen soll. Bei meinen Möbeln würde er das sogar freiwillig machen, weil die so schön sind …"

Checkliste

Zur Telefonakquise

Beantworten Sie für sich die folgenden Fragen, bevor Sie zum Hörer greifen:

- ❑ Gehören alle Unternehmen hundertprozentig zur Ihrer Zielgruppe?
- ❑ Haben Sie sich über alle näher informiert und die Ansprechpartner recherchiert, wo es vorab möglich war?
- ❑ Haben Sie sich ein konkretes Gesprächsziel gesetzt? Wollen Sie zum Beispiel am Ende des Gesprächs einen Termin vereinbaren? Oder weiteres Material zusenden?
- ❑ Wissen Sie, wie Sie Ihren Gesprächseinstieg formulieren wollen?
- ❑ Haben Sie sich die zur Bedarfsermittlung notwendigen Fragen überlegt?
- ❑ Haben Sie alle Nutzenargumente ausgearbeitet?
- ❑ Sind Sie auf mögliche Einwände und Gegenargumente vorbereitet?
- ❑ Haben Sie Ihre Abschlussfrage formuliert?
- ❑ Sind Sie selbst überzeugt vom Nutzen Ihres Angebots?
- ❑ Sind Sie gut gelaunt?

6. Wie Sie per Brief Kontakt zu Ihren Kunden aufnehmen

Geschriebenes wirkt nachhaltiger als das gesprochene Wort. Manche Informationen sind auch zu komplex, um sie am Telefon oder im persönlichen Gespräch zu übermitteln. Daher stehen die meisten Selbständigen früher oder später vor der Aufgabe, Werbebriefe zu schreiben oder Mailings mit Informationsmaterial zusammenzustellen. Auf den folgenden Seiten lesen Sie, wie Sie Ihre Briefe so gestalten und schreiben, dass sie vom Empfänger bemerkt, geöffnet und gelesen werden – und die gewünschte Reaktion hervorrufen.

Als Selbständige schreiben wir nicht nur Mailings, wir bekommen auch welche, mit denen Unternehmen versuchen, unsere Gunst zu gewinnen. Überlegen Sie einmal, wie Sie mit den Werbebriefen umgehen, die Sie erhalten. Die einen Briefe wirken irgendwie anders und interessant. In diesem Fall öffnen Sie die Umschläge und lesen die Anschreiben mehr oder weniger aufmerksam. Auf das eine oder andere reagieren Sie sofort, indem Sie einen Bestellschein ausfüllen oder die genannte Nummer anrufen. Einige legen Sie auf Ihren „Könnte-interessant-sein-ich-kümmere-mich-irgendwann-darum"-Stapel auf dem Schreibtisch. Die Mehrzahl jedoch landet nach dem ersten Überfliegen im Papierkorb, manche werfen Sie sogar ungeöffnet weg. Genauso reagieren die Menschen, denen Sie schreiben.

Praxisbeispiel

Marion Ladich, die Zirkuspädagogin, machte ganz am Anfang ihrer Selbständigkeit negative Erfahrungen mit einem Mailing: „Ich habe ein Konzept für Azubi-Seminare geschrieben und Unternehmen recherchiert, die sich im Bereich Ausbildung mehr als andere engagieren. 45 Firmen habe ich angeschrieben, bei zehn davon hinterhertelefoniert. Herausgekommen ist eine Anfrage, und die ist dann an den fehlenden Räumlichkeiten gescheitert. Das war viel Aufwand, hat aber nichts gebracht. Ich glaube, heute würde mir das so nicht mehr passieren."

Eines hat Marion Ladich richtig gemacht, nämlich ein speziell auf die Empfänger zugeschnittenes Angebot beworben. Vielleicht hat es den Angehörigen ihrer Zielgruppe nicht genug Nutzen versprochen, vielleicht war die Idee auch einfach zu exotisch. Sicher aber war es ein Fehler, bei nur zehn Empfängern anzurufen. Zum Mailing gehört – jedenfalls, wenn es an Geschäftskunden gerichtet ist – das telefonische Nachfassen. Noch besser wäre es vermutlich gewesen, Frau Ladich hätte erst angerufen, um die eigene Idee vorzustellen, anschließend das Konzept per Brief verschickt und dann nochmals telefoniert. Bei kleineren Aussendungen wie in unserem Beispiel ist das problemlos möglich. Wenn Sie dagegen vorhaben, 5.000 Briefe zu verschicken, ist klar, dass das Anschreiben für sich allein wirken muss. Übrigens war das Ergebnis von Frau Ladich gar nicht so schlecht.

Unter Werbern gilt in Sachen Response (Rücklauf/Antwortquote) alles, was über einem Prozent liegt, bereits als Erfolg. Mailings mit einem Rücklauf von fünf bis zehn Prozent sind extrem erfolgreich. Höhere Quoten lassen sich nur selten erzielen, bei ganz speziellen Angeboten und Zielgruppen. Kleine Aussendungen mit weniger als 100 Briefen sind also rein statistisch nicht sehr erfolgversprechend. In jedem Fall aber wirkt das Nachtelefonieren responsesteigernd.

Marion Ladich legte nach ihrer Erfahrung das Thema „Akquise per Werbebrief" verständlicherweise erstmal zu den Akten. Tun Sie das aber nicht, denn eine solche Maßnahme kann auch ganz anders verlaufen.

Marketing
Zollstock

Ruth Schneider

Wallen 5
53547 Dattenberg

Tel.   02644 8009662
Fax   02644 8009663
mobil 0177 5453512

rs@marketing-zollstock.de
www.marketing-zollstock.de

Hauschild & Knopp GbR
Hauptstraße 79
53547 Leubsdorf

Dattenberg, 13. April 2004

Sehr geehrter Herr Hauschild, sehr geehrter Herr Knopp,

ein Bekannter von mir, Martin, der gerade seinen Altbau saniert, hat mir Ihre Anzeige mitgebracht. Er wusste nicht genau, welchen konkreten Nutzen er aus Ihrem Angebot ziehen kann.

Ihr Angebot ist sicher interessant, aber die allzu umfassende Darstellung verlockt leider nicht zum Weiterlesen.
Sie haben bei einer Anzeige nur zwei Sekunden, um die Aufmerksamkeit des Lesers zu erreichen. Fragen „kitzeln" das Gehirn und sind dafür bestens geeignet.

Wie wäre es also mit: **Sie wollen endlich einen schönen Garten? Und dabei die alte Trockenmauer wieder zum Leben erwecken? Wir helfen Ihnen ...**

Nicht nur im Bereich Anzeigenwerbung und Kundenbindung, sondern auch durch eine gezielte Werbeplanung kann ich Ihre Darstellung konkret verbessern.

Wenn Sie mir über Ihren Betrieb und Ihre Kunden mehr erzählen, kann ich Sie bestimmt noch besser „rüberbringen". Mein Angebot für Sie: Ich überarbeite die Anzeige und Sie nutzen die Anzeige, wann immer Sie wollen. Dieses Schnupper-Paket kostet Sie nur 50 Euro.

Glauben sie manchmal, dass Sie unnötig viel Zeit für Ihre Werbung benötigen? Und dass Sie trotzdem nicht den Erfolg haben, der Ihnen zusteht?

Ich helfe Ihnen, Ihre Werbung optimal zu organisieren. Schnell und unkompliziert. Rufen Sie mich einfach an: 02644 8009662.

Mit freundlichen Grüßen

Ruth Schneider

PS: Ich helfe Ihnen auch, bei der Anzeigenschaltung Geld zu sparen.

120 Wege zum Kunden

Das ist ein gutes Beispiel für einen Akquise-Ansatz, der nur über einen Werbebrief funktionieren konnte. Telefonakquise nach diesem Muster wäre sicher gescheitert, weil sich die Inserenten erst mal auf den Schlips getreten fühlen würden, wenn man ihre Anzeigen kritisiert. Einen Anrufer hätten sie vermutlich gleich verärgert abgewimmelt. Ein Brief aber wirkt länger, der Empfänger denkt darüber nach, ob an der Kritik nicht etwas dran sein könnte – und ist dann beim Folgeanruf eher offen für neue Ideen.

Diese Idee ist so einfach wie genial: Niemand wird einen Brief ungelesen wegwerfen, in dem er seine eigene Anzeige entdeckt. Der Text weckt Aufmerksamkeit, provoziert, lässt einen schmunzeln, bewirkt einen Aha-Effekt – und enthält ein attraktives Angebot. Kein Wunder, dass dieses Mailing sich als sehr wirksam erwiesen hat.

Welche Faktoren bestimmen den Erfolg eines Mailings?

Was können Sie daraus für Ihre eigenen Mailings lernen? Woran liegt es, dass ein Mailing floppt, ein anderes aber sehr erfolgreich läuft? Welches sind die wichtigsten Erfolgsfaktoren für die Kundengewinnung per Brief? Es sind die drei Faktoren Zielgruppe, Adressqualität und Zeitpunkt, die stimmen müssen.

Zielgruppe

Über die Bedeutung der Positionierung und der Zielgruppenwahl haben Sie in diesem Buch schon einiges gelesen. Genau wie für Ihre Telefonakquise ist die erste Voraussetzung für Ihre Werbebriefe: Sie müssen den richtigen Empfängern das passende Angebot machen. Was dem Empfänger keinen für ihn erkennbaren Nutzen stiftet, interessiert ihn nicht. Ein Mailing mit nutzlosem Inhalt landet gnadenlos im Papierkorb.

Adressqualität

Die zweite Voraussetzung dafür, dass Ihr Angebot beim richtigen Empfänger landet, ist, dass Sie es an die korrekten Adressen senden. Das heißt: Sie brauchen die aktuellen, vollständigen Anschriften und Namen derjenigen aus Ihrer Zielgruppe, die Sie ausgewählt haben. Wenn Sie 50 potenzielle Unternehmenskunden zeitnah recherchieren und anschreiben, ist das zunächst unproblematisch. Schwieriger wird es aber, wenn Sie denselben Leuten später nochmal schreiben wollen – was dringend zu empfehlen ist, da die Erfolgswahrscheinlichkeit Ihrer Maßnahmen mit jedem weiteren Kontakt zum Empfänger steigt. Adressen und vor allem die Angaben zu Ansprechpartnern veralten schnell, halten Sie die entsprechenden Daten daher immer auf dem neuesten Stand.

So schnell veralten Daten

Werbeexperten gehen davon aus, dass jede zehnte Adresse binnen zwölf Monaten veraltet. Gründe dafür gibt es viele: Unternehmen wie Privatleute ziehen um, in Unternehmen wechselt der Ansprechpartner, Unternehmen werden verkauft, ändern die Firmierung oder gehen Pleite, Privatleute heiraten oder sterben. Aus welchen Gründen auch immer die Adressen veralten, statistisch gilt: Wenn Sie mit einem hervorragenden Adressbestand von 1.000 Adressen starten, ihn aber fünf Jahre lang nicht pflegen, sind danach nur noch 590 Adressen korrekt.

Mindestens vor jeder Mailingaktion sollten Sie die Adressen überprüfen und aktualisieren. Bei größeren Aussendungen, insbesondere an Privatkunden, wird das nicht lückenlos möglich sein. Dann sollten Sie die Vorausverfügungen der Post nutzen. Wenn Sie normale Briefe und Postkarten versenden, ist zum Beispiel die Vorausverfügung „Nicht nachsenden. Bei Umzug mit neuer Anschrift zurück" für Sie kostenlos. Verschicken Sie Ihr Mailing als Infopost, kostet Sie die Vorausverfügung „Wenn unzustellbar, zurück" 0,22 Euro je zurückgeschickte Sendung. Noch besser zur Adresspflege geeignet, aber auch teurer, ist der Vermerk „Bei Unzustellbarkeit beziehungsweise Umzug Anschriftenberichtigungskarte" für 0,90 Euro je Stück. Ob sich das lohnt, hängt davon ab, wie wertvoll Ihnen Ihre Adressen erscheinen. Meiner Erfahrung nach funktioniert dieser Service zuverlässig. Pflegen Sie alle Änderungen zeitnah in Ihre Adressdatenbank ein. Natürlich sollten Sie auch die Daten aller Kontakte, die Sie neu gewinnen, gleich in Ihre Datenbank eingeben. Ihr Datenbestand sollte nicht nur aktuell, sondern auch möglichst vollständig sein.

Zeitpunkt

Auch der Zeitpunkt, zu dem Sie Ihre Briefe verschicken beziehungsweise sie beim Empfänger ankommen, kann Einfluss auf den Erfolg Ihrer Aussendung haben. Angefangen mit dem Wochentag: Briefe, die am Samstag oder Montag eintreffen, gehen im Poststapel und Aufgabenchaos des (Arbeits-)Wochenbeginns leichter unter als solche, die zwischen Dienstag und Donnerstag auf den Schreibtischen der Entscheider landen. Wochen mit Feiertagen sind kürzer – also hat Ihr Empfänger weniger Zeit, sich mit Ihrem Brief zu beschäftigen. Ein mit einem Brückentag kombinierbarer Feiertag ist noch ungünstiger, denn dann fehlen vielen gleich 40 Prozent der Wochenarbeitszeit. Ebenfalls ungünstig: die Urlaubszeit, da viele Entscheider gar nicht da sind, oder die Vorweihnachtszeit, wenn jeder im Jahresendstress ist und schon deswegen kein Interesse für anderer Leute Werbebotschaften hat.

In manchen Branchen gibt es zudem Messen oder andere Anlässe, die potenzielle Briefempfänger massenweise von den Schreibtischen abziehen. Wenn Sie beispielsweise ein Buchprojekt anbieten wollen, wäre es äußerst ungeschickt, das ausgerechnet kurz vor oder nach der Buchmesse in Frankfurt zu tun. In dieser Zeit wissen Lektoren nämlich ohnehin nicht, wo ihnen der Kopf steht, und Ihr Exposé landet ganz schnell wieder im Postausgangskorb – oder verschwindet weit unten in einem riesigen Stapel ähnlich bedauernswerter, weil nicht beachteter Papiere.

Sie sehen: Den richtigen Zeitpunkt für ein Mailing abzupassen ist gar nicht so einfach. Und selbst wenn Sie alle diese Faktoren berücksichtigen, heißt das noch nicht, dass alles bestens läuft.

Praxisbeispiel

Udo Siegl, der Kemptener Werbeprofi, erzählt: „Meiner Erfahrung nach kann man nicht sagen, ein Mailing funktioniert nicht. Aber es gibt Adressen, die nicht funktionieren. Und selbst das kann man oft nicht sofort eindeutig feststellen. Ich habe beispielsweise einmal für einen Versandhandelskunden ein Mailing verfasst und im März verschickt, das völlig floppte. 15.000 Aussendungen, und die Resonanz war gleich null. Da wir wissen, dass die Direktwerbung den steten Tropfen, also wiederholte Kontakte braucht, haben wir zwei Monate später genau das gleiche Mailing an genau dieselben Adressen verschickt. Das war ein voller Erfolg, wir hatten eine Bombenresonanz. Es ist schon einige Male vorgekommen, dass ein Mailing im März nicht lief, zu einem anderen Zeitpunkt aber schon. Warum das so ist? Das weiß niemand."

Erstellen Sie ein Angebot mit stimmigem Nutzenversprechen

Sie wissen bereits, dass der Kunde kauft, was ihm Nutzen bringt – das kann ich nicht oft genug betonen. Um diesen Punkt in Ihrem Mailing herauszuarbeiten, gehen Sie die folgenden drei Fragen durch. Sie helfen Ihnen, Ihr Angebot genau auf die potenziellen Kunden zuzuschneiden.

Welches Angebot wollen Sie bewerben?

Wenn Sie nur ein Produkt oder eine Leistung anbieten, fällt die Wahl nicht schwer. In allen anderen Fällen sollten Sie sich vorab für *ein* konkretes Angebot entscheiden, das Sie mit Ihrem Brief bewerben wollen. Auch wenn die Versuchung noch so groß ist, in einem Rundumschlag zu zeigen, was Sie alles können und tun, sollten Sie ihr nicht erliegen. Der Grund: Für den Leser Ihres Anschreibens wird dann nicht mehr klar erkennbar, was das Besondere an jedem einzelnen Angebot ist. Selbst wenn er alle Bestandteile toll findet, ist das nicht gut. Denn dann kann er sich erst recht nicht entscheiden.

So ging es mir kürzlich mit dem Mailing eines Weinhändlers. Der zweiseitige Werbebrief wies mich auf acht verschiedene hervorragende Weine hin. Zudem wurden mir die Teilnahme an einem Weinseminar, die Möglichkeit, eine Weinreise zu buchen, und ein Gutschein für ein Überraschungsgeschenk bei meinem Besuch am Messestand des Händlers auf einer regionalen Verbrauchermesse angeboten. Beigelegt war ein mehrseitiger Prospekt, in dem weitere Weine angepriesen wurden. Das war mir zu viel. Ich warf die – sicher nicht billige – Sendung komplett weg. Zwei oder drei frische Sommerweine nebst der Gelegenheit, sie auf einem abendlichen „Seminar" probieren zu können, das hätte mich interessiert. Die Werbung für eine Weinreise hätte ich vielleicht an meine Eltern weitergegeben. Der Besuch am Messestand wäre bestimmt auch nett gewesen. Aber alles auf einmal hatte mich schlicht erschlagen.

Fazit: Es ist Ihre Sache, eine Vorauswahl zu treffen und dadurch festzulegen, welches Angebot Sie für die jeweiligen Empfänger zum jetzigen Zeitpunkt als den Knüller schlechthin betrachten. Dieses wird dann zur Hauptsache. Ihr Motto sollte immer lauten: ein Brief – ein Thema. Das nächste Angebot können Sie ja im folgenden Brief bewerben.

Diese Empfehlung gilt sogar dann, wenn Sie mit Ihrem Mailing ausdrücklich die ganze Bandbreite Ihres Angebots darstellen wollen. In diesem Fall legen Sie Ihren Katalog oder Flyer bei oder verweisen auf Ihre Website. In Ihrem Anschreiben stellen Sie trotzdem ein Angebot deutlich in den Vordergrund, zum Beispiel ein Schnupper- oder Testangebot.

Wer sind die Empfänger Ihres Werbebriefs und was ist ihnen wichtig?

Was wissen Sie eigentlich über die Menschen, die Ihren Brief lesen werden und darauf reagieren sollen? Was bewegt sie? Welche Probleme haben sie? Was lieben sie? Was ist ihnen wichtig? Was spielt für sie keine Rolle? Um diese Fragen zu beantworten, stellen Sie sich am besten einen typischen Vertreter Ihrer Zielgruppe vor. Einen Kunden, wie er Ihnen schon öfter begegnet ist. Überlegen Sie, aus welchen Gründen er bei Ihnen kauft oder eben nicht. Nach diesen Überlegungen gehen Sie an die dritte und entscheidende Frage heran.

Was macht Ihr Angebot einzigartig?

Wir sind also wieder beim USP gelandet. Ihr Werbebrief muss vom ersten bis zum letzten Wort nichts anderes tun, als dem Leser vor Augen zu führen, dass Ihr Angebot für ihn so nützlich ist, dass er es unbedingt wahrnehmen muss. Betrachten Sie also Ihr konkretes Angebot aus dem kritischen Blickwinkel Ihrer potenziellen Kunden:

- Welche Kundenbedürfnisse sprechen Sie an?
- Welches sind die entscheidenden Nutzenargumente?
- Warum soll Ihr Kunde ausgerechnet Sie beauftragen?

Nur zur Erinnerung: Es ist nicht Ihre Sichtweise, die zählt, sondern die Ihrer potenziellen Kunden. Und mit der haben Sie sich ja schon im Kapitel „2. So schärfen Sie Ihr Profil" ausgiebig befasst.

Bauen Sie Ihre Briefe werbepsychologisch geschickt auf

An dieser Stelle möchte ich von der Begrifflichkeit her noch etwas klarstellen: Dieses Kapitel beschäftigt sich mit dem Verfassen von Werbebriefen. Ein solcher Brief kann zum einen allein als Mailing (persönlich adressierte Werbesendung) verschickt werden, zum anderen mit weiterem Informations- und Werbematerial wie Flyern, Bestellkarten, Gutscheinen oder kleinen Werbeartikeln. Im zweiten Fall ist der Brief zwar „nur" ein Bestandteil des kompletten Mailings – aber ein besonders wichtiger! Erstellen Sie ihn daher mit größter Sorgfalt. Der Brief wird aller Wahrscheinlichkeit zuerst gelesen oder zumindest überflogen. Weckt er kein Interesse, landet das restliche Material gleich mit im Papierkorb.

Steuern Sie den inneren Dialog der Leser

Am Telefon führen Sie einen echten Dialog und führen mit Ihrer Zielperson ein Verkaufsgespräch. Ihr Akquise-Anschreiben sollten Sie nach dem gleichen Prinzip aufbauen wie ein solches Gespräch. Das heißt: Überlegen Sie, welche Fragen der Leser an welcher Stelle Ihnen oder sich selbst stellen wird. Platzieren Sie die Antworten dazu in der entsprechenden Reihenfolge. Idealerweise kann der Empfänger einen stummen Dialog nach dem folgenden Muster führen.

- Wer schreibt mir denn da? Ach, der XY.

- Was hast du denn für mich? Hm, klingt interessant.

- Was habe ich davon? Echt? Das ist ja super!

- Und was soll ich jetzt tun? Das will ich haben – ich rufe gleich an!

Ein guter Werbebrief ist einer, der auf den ersten Blick interessant wirkt. Der am besten schon vom Aussehen her aus dem Poststapel hervorsticht. Das können Sie zum Beispiel durch ein besonders hochwertiges oder farbiges Briefpapier, durch ein Bild auf dem Umschlag oder beigelegte Werbeartikel, die der Sendung eine besondere Form geben, erreichen. Die Frankierung mit einer Sondermarke oder eine von Hand geschriebene Adresse ist ebenfalls hilfreich, wegen der Kosten und des Aufwands aber kleineren Aussendungen vorbehalten.

Berücksichtigen Sie den Blickverlauf

Nachdem er den Umschlag geöffnet hat, wirft der Empfänger einen ersten Blick auf Ihr Schreiben. Der dauert etwa zwei bis drei Sekunden – auf die kommt es an. Danach ist die Entscheidung gefallen: hopp oder top, weiterlesen oder wegwerfen. Was nimmt der Leser in diesen zwei bis drei Sekunden wahr? In etwa dieses Bild:

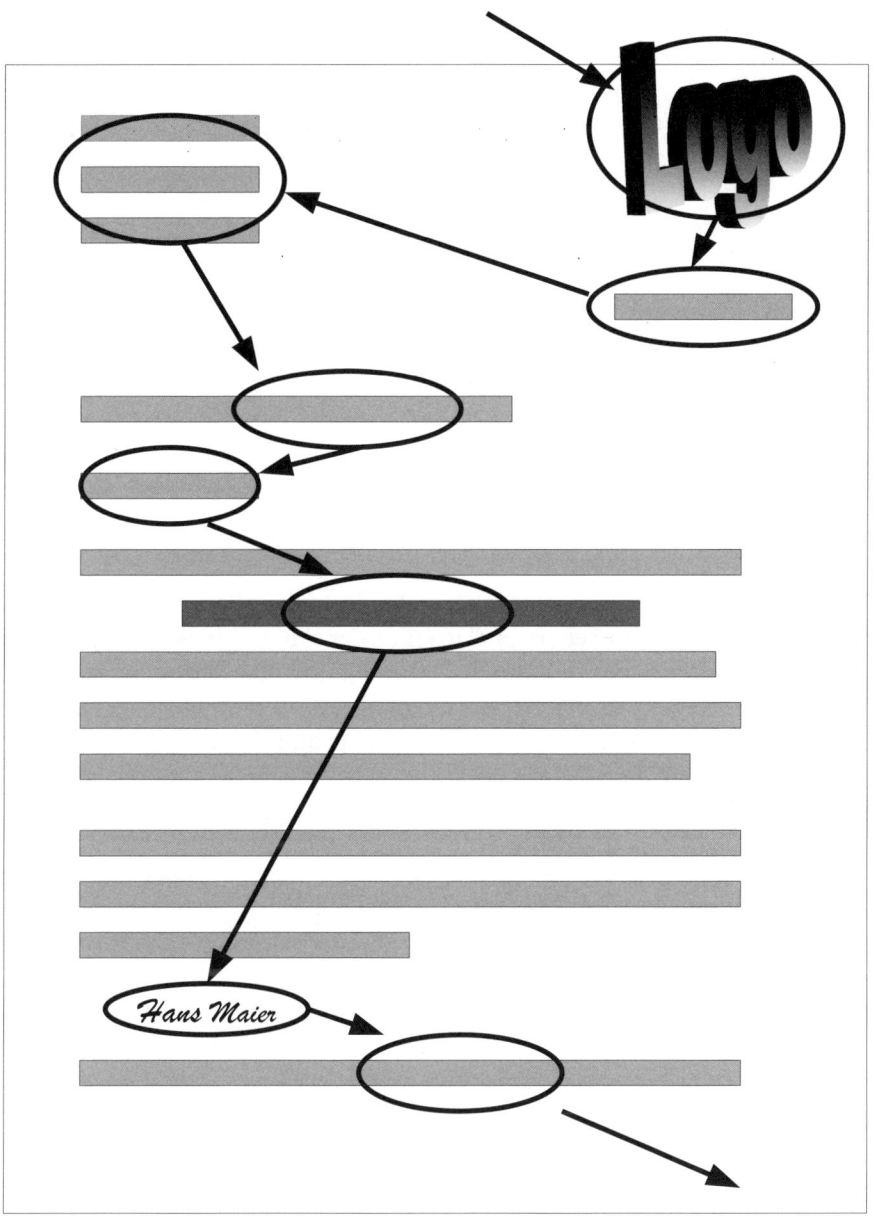

Ob der Blickverlauf links oben (bei der Empfängeranschrift) oder rechts oben (beim Logo) anfängt, ist unter Fachleuten umstritten, aber auch nicht so entscheidend. Wichtig ist – und das können Sie ganz leicht an sich selbst testen –, dass beim ersten Überfliegen eines Briefes der Blick tatsächlich an ein paar optisch markanten Punkten hängenbleibt: Logo, Adresse, Anschrift, Betreff/Headline, fettgedruckte oder anders herausgehobene Passagen, dann noch die Unterschrift und, falls vorhanden, ein PS. Der wichtigste Teil des oben geschilderten Dialogs („Wer schreibt mir denn da …“) ist damit schon gesichert.

Ein guter Werbebrief erzeugt auf diese Weise „Ja“-Antworten im Kopf des Kunden: Ja, der Brief ist für mich, Ja, klingt interessant, Ja, sollte ich genauer lesen. Das ist auch eine „Ja-Straße“, aber diesmal eine, die nicht manipuliert und keine Abwehr hervorruft. Damit Ihnen das gelingt, betrachten wir die einzelnen Briefbestandteile, die das ermöglichen sollen, näher.

Betreff/Headline

Was an der Stelle steht, an der im normalen Brief der „Betreff“ seinen Platz hat, stellt im Werbebrief eher eine Headline dar. An ihr bleibt der Blick hängen, weil sie allein steht und durch Fettdruck und/oder Farbe hervorgehoben wird.

Im normalen Brief dient die Betreffzeile dazu, kurz auf den Briefinhalt hinzuweisen und dem Empfänger dadurch eine erste Orientierung zu geben. Das ist bei der Headline ähnlich. Wenigstens in etwa sollte der Leser ihr entnehmen können, worum es in dem Schreiben beziehungsweise dem ganzen Mailing geht. Vorrangig aber soll sie ihn neugierig machen und in den weiteren Text „hineinziehen“. Das ist der gravierende Unterschied zu Headlines in Anzeigen. Eine Anzeige hat ein Bild und eine Headline. Beide zusammen müssen bereits die komplette Aussage ergeben. So abgeschlossen darf die Headline in einem Werbebrief nicht sein, weil die Leute sonst den Brief nicht mehr lesen.

Wie aber sieht eine Headline aus, die den Leser in den Text zieht? Schauen wir uns das einmal an einem konkreten Beispiel an. Stellen Sie sich vor, ich schriebe Ihnen einen Brief, um Ihnen meine neueste kostenpflichtige Loseblattsammlung ans Herz zu legen oder Ihnen dieses Produkt zu verkaufen. Natürlich ginge es auch bei einem solchen Werk um das Thema Akquise.

Headline-Technik	Wirkung	Beispiel
Teilsatz	Nutzt den Lesefluss, um direkt in den Text zu ziehen	*Spielend neue Kunden gewinnen ...* (Brieftext) das ist auch für Sie möglich. Sie brauchen nur die richtige Einstellung und das erforderliche Handwerkszeug ...
How-to-Ansatz	Verspricht die Lösung eines Kundenproblems	*Wie Sie endlich genau die Kunden gewinnen, die Sie haben möchten* oder *So gewinnen Sie so viele Kunden, wie Sie wollen*
Zeitungsvorspann	Knackige Headline verblüfft, untergeordnete Überschrift (Subline) führt weiter	*Jeder kann akquirieren! Lernen Sie aus den Erfahrungen anderer Selbständiger ...*
Inhaltsangabe mit Verstärker	Erzeugt Aktualität, damit einen gewissen Druck oder Verblüffung und letztendlich Neugier	*Brandneu erschienen: die praxisorientierte Akquise-Loseblattsammlung für Selbständige* oder *Der neue Akquise-Trainer kommt auch zu Ihnen ins Haus*

Neben der Technik kommt der Wortwahl große Bedeutung zu. Gute Headlines zeichnen sich durch starke Verben und eine bildhafte Sprache aus. Je konkreter und bildhafter, desto wirksamer sind sie. „Akquirieren" beispielsweise ist abstrakter und damit schwächer als „Kunden gewinnen", „kommt auch zu Ihnen ins Haus" ist stärker als „wird frei Haus geliefert". Scheuen Sie sich nicht, bei der Formulierung ein bisschen dicker aufzutragen als sonst. Sie wollen schließlich die Aufmerksamkeit der potenziellen Leser gewinnen. Mit Zurückhaltung werden Sie das nicht schaffen.

Anrede

Auf die Headline folgt die Anrede. Achten Sie hier vor allem darauf, den Namen des Empfängers korrekt zu schreiben. Ich bekomme beispielsweise regelmäßig Briefe für eine Frau Kemel, eine Frau Zettel und eine Frau Kett-Zörner. Da keine der genannten Damen hier wohnt, lese ich auch ihre Post nicht, sondern entsorge sie sofort. Welche Form der Anrede Sie wählen, ist ein Stück weit Geschmackssache. Mag sein, dass ich berufsbedingt ein wenig krittliger bin als andere Leute, aber ich würde an dieser Stelle keine Experimente machen. Auf der sicheren Seite sind Sie jedenfalls mit dem klassisch-korrekten „Sehr geehrte Frau Kettl-Römer". Unternehmen, bei denen ich schon länger Kundin bin, dürfen auch „Liebe Frau Kettl-Römer" schreiben. Als lieblos empfinde ich dagegen die Variante: „Sehr geehrte/r Barbara Kettl-Römer", als etwas zu bemüht modern „Hallo Barbara Kettl-Römer". Diese letzte Variante würde ich allenfalls bei sehr jungen Adressaten wählen. „Hallo Frau Kettl-Römer" geht schon eher, begeistert mich aber nicht.

Briefeinstieg

Der erste Satz eines Werbebriefs stellt immer eine Herausforderung dar, denn er soll einen persönlichen Kontakt zwischen Absender und Leser herstellen. Gelungen ist er, wenn er den Leser so anspricht, dass dieser weiterliest und sich auf das im Kopf geführte Verkaufsgespräch einlässt. Auch hier gibt es nicht die eine Supertechnik, mit der man jeden Leser sofort „packt", doch gibt es mehrere Ansätze, die sich in der Praxis bewährt haben.

Einstiegs-Technik	Beispiel
Wunschbild des Kunden aufgreifen	Morgens ein paar nette, entspannte Telefonate führen und mittags drei neue Kunden in Ihre Adressdatei eintragen – so macht Akquise Spaß! Auch Sie können zukünftig spielerisch und erfolgreich Kunden gewinnen …
Typisches Kundenproblem ansprechen	Sicher kennen Sie diese Situation: Eigentlich müssten Sie wieder einmal etwas für die Neukundengewinnung tun, aber auf Ihrem Schreibtisch türmt sich schon so viel …
Den Kunden in einen besonderen Kreis rücken/ als Experten ansprechen	Sie als Selbständiger wissen besser als jeder andere, wie herausfordernd die Kundengewinnung heute ist …
Ja-Straße (bitte zurückhaltend einsetzen)	Als Selbständiger wissen Sie, wie wichtig es ist, laufend neue Kunden zu gewinnen. Auch wenn die Akquise nicht immer Spaß macht. Sicher haben Sie sich auch schon mal gewünscht, die Akquise souveräner und entspannter angehen zu können …

Natürlich können Sie auch auf andere Weise Ihren Dialog mit dem Kunden beginnen, Ihr Brief soll schließlich Ihre individuelle Persönlichkeit widerspiegeln. Von zwei häufig zu lesenden Einstiegen rate ich allerdings ab:

- Beginn mit einem Horrorszenario, das dem Kunden die Problematik des Themas vor Augen stellen soll: „Manchmal geht wirklich alles schief. Sie haben ohnehin keine Aufträge, das Finanzamt sitzt Ihnen im Nacken, und jetzt schaffen Sie es nicht, Ihre potenziellen Neukunden überhaupt ans Telefon zu bekommen ..." Spätestens jetzt fühlt sich der Leser so schlecht, dass er den Brief in einem Akt psychischer Selbstverteidigung wegwirft.

- Geschlossene Frage: „Fällt es Ihnen auch so schwer, neue Kunden zu gewinnen?" Wenn Sie Pech haben, ist der Leser gerade gut drauf, denkt sich: „Nein, eigentlich nicht" und steigt damit aus dem inneren Dialog mit Ihnen aus. Ergebnis: Auch er entsorgt Ihren Brief.

Mittelteil

Sie haben Ihren Leser erfolgreich angesprochen, servieren Sie ihm jetzt Ihre Nutzenargumente. Zeigen Sie, warum und wie Ihre Leistung Kundenbedürfnisse erfüllt oder Kundenprobleme löst. Nehmen Sie mögliche Einwände und Fragen auf und formulieren Sie entsprechende Antworten. Ziel ist es, dem Leser weiterhin innere Zustimmung zu entlocken.

Bedenken Sie aber, dass Ihr Werbebrief nicht wie ein Roman oder eine andere spannende Lektüre gelesen wird, bei der sich der Leser freiwillig geistig anstrengt. Werbung sollte leicht konsumierbar sein. Fassen Sie sich deshalb kurz, gliedern Sie Ihr Schreiben übersichtlich und heben Sie Wichtiges durch Zentrierung oder Fettdruck hervor. Es gibt Werbetexter, die das anders sehen, aber ich halte mich an diese Regel: Ein guter Werbebrief ist höchstens eine Seite lang, durch Absätze gegliedert und hebt höchstens zwei Punkte durch Zentrierung/Fettdruck hervor, besser nur einen. Damit verspricht er schon rein optisch, leicht lesbar zu sein und das Wichtigste auf den (einen) Punkt zu bringen. Was Sie sonst noch zu sagen haben, lässt sich im zusätzlichen Informationsmaterial unterbringen.

Ausstieg

Bis jetzt ist Ihr Leser bei Ihnen geblieben und Ihrer Argumentation gefolgt. Er steht nun vor der Frage: „Und was muss ich tun, um dieses tolle Angebot nutzen zu können?" Das sagen Sie ihm (spätestens) zum Schluss. Kein Werbebrief sollte ohne konkrete Handlungsaufforderung auf den Postweg gehen. Machen Sie es dem Leser so einfach wie möglich, zum Beispiel so:

- Nutzen Sie das Erfahrungswissen erfolgreicher Selbständiger für Ihre Kundengewinnung. Rufen Sie am besten gleich an und bestellen

Sie Ihr persönliches Exemplar der Loseblattsammlung „Wege zum Kunden" unter 083…

● Überzeugen Sie sich selbst! Auszüge aus der Loseblattsammlung und sieben praktische Tipps für Ihre Telefonakquise finden Sie im beiliegenden Prospekt. Füllen Sie am besten gleich den Bestellschein auf der Rückseite dieses Schreibens aus und schicken Sie ihn einfach an die Faxnummer …

● So einfach können Sie sich auf den Weg zu Ihren Kunden machen: Rufen Sie mich an und nutzen Sie meine kostenlose und unverbindliche Erstberatung unter … Ich freue mich auf Ihren Anruf!

Übrigens: Die Wörtchen „einfach", „gleich", „gratis" und „unverbindlich" wirken wahre Wunder in Sachen Kundenreaktion.

Das PS

Angeblich lesen 90 Prozent aller Empfänger das PS eines Briefes zuerst. Da inzwischen aber praktisch jeder Werbebrief mit einem solchen Nachsatz aufwartet, ist diese Idee jedenfalls nicht mehr sehr originell. Wichtig ist, dass ein PS, wenn Sie sich dafür entscheiden, eine Funktion haben muss: Entweder Sie zielen auf den PS-zuerst-Leser oder Sie verstärken damit die Botschaft Ihres Briefes für denjenigen, der ihn von Anfang bis Ende gelesen hat. Etwa indem Sie nochmal ein Hauptnutzenargument herausgreifen oder einen Zusatznutzen anbringen. Wenn Sie mit dem Brief nicht direkt etwas verkaufen, sondern erst mal einen Kontakt herstellen wollen, können Sie im PS auch weitere Kontakte ankündigen. Sinnvoll wären zum Beispiel solche Formulierungen:

● PS: Die Kaltakquise per Telefon ist bei den meisten Selbständigen besonders unbeliebt. Wie sie ihren Schrecken verliert und für Sie zum Kundenbringer wird, das erfahren Sie im fünften Teil unserer Loseblattsammlung.

● PS: Wenn Sie Ihren Bestellschein bis zum … abschicken, erhalten Sie zusätzlich zu Ihrer Bestellung einen Gutschein für einen kostenlosen Kurz-Check Ihres nächsten Werbebriefs (Wert: 25 Euro).

● PS: Ich werde am … einen Vortrag zum Thema „Kundenakquise" in … halten. Merken Sie sich diesen Termin doch gleich in Ihrem

Kalender vor. Ich werde Ihnen rechtzeitig vor der Veranstaltung eine Einladungskarte schicken.

Response-Element

Das Response-Element ist zwar nicht Teil des Werbebriefs selbst, aber ein sehr wichtiges Element Ihres Mailings, wenn Sie damit eine Bestellung oder Anforderung auslösen wollen. In diesem Fall sollten Sie beachten: Je einfacher, schneller und billiger der Kunde reagieren kann, desto eher werden Sie eine Antwort erhalten. Erreichen können sollte er Sie immer telefonisch oder virtuell. Bedenken Sie dabei: Auch wenn Telefonnummer und E-Mail-Adresse im Briefkopf stehen, sollten Sie beide Angaben in Ihrem Schreiben extra benennen. So ersparen Sie es dem Leser, danach suchen zu müssen.

Möchten Sie darüber hinaus – schon aus Dokumentationsgründen – etwas Schriftliches in der Hand halten, können Sie unter drei verschiedenen Response-Elementen wählen:

- Eine vorgedruckte Antwortkarte, die der Empfänger nur noch ausfüllen und zur Post bringen muss,

- ein Bestellschein zum Ausfüllen nebst Rückantwortkuvert (das empfiehlt sich besonders, wenn es um sensible Daten oder Leistungen geht) oder

- ein vorbereitetes Faxformular (das bietet sich bei Geschäftskunden an, da Privatkunden in der Regel kein Faxgerät zu Hause haben).

Am teuersten ist es, die Antwortkarten oder -kuverts bereits vorzufrankieren, das bringt aber erfahrungsgemäß die höchsten Response-Quoten. Probieren Sie aus, welches Response-Element sich für Sie am besten eignet.

Dieser Rat gilt übrigens für die komplette Gestaltung Ihrer Werbebriefe: Ob ein Mailing gut oder schlecht ist, entscheiden letztlich immer die Kunden. Und deren Reaktion bekommen Sie erst, wenn Sie die Briefe längst verschickt haben. Daher ist es sinnvoll, verschiedene Varianten in kleineren Aussendungen zu testen. Werten Sie die Rückläufe aus und setzen Sie beim nächsten Mal auf die erwiesenermaßen erfolgreichste Variante.

Schreiben Sie so, dass Ihre Leser Sie verstehen

Es ist zwar traurig, aber selbst der beste unter den Werbebriefen wird nicht aufmerksam und mit Liebe gelesen. Ihr aller Los ist es, grundsätzlich ungeliebte und nebenher konsumierte Lektüre zu sein. Es kommt daher überhaupt nicht darauf an, ob ein Anschreiben dieser Art witzig, intelligent und stilistisch ausgefeilt ist. Es muss vor allem leicht und schnell zu lesen sowie klar und einfach zu verstehen sein. Wenn es zusätzlich witzig und intelligent ist, schadet das natürlich nicht. Notwendig ist das aber nicht.

Die Praxis sieht ohnehin meist ganz anders aus. Aus einem mir unerklärlichen Grund bekomme ich von mehreren Unternehmen Werbebriefe für Finanzanlagen verschiedenster Art. Dass ich noch nie auf einen dieser Briefe reagiert habe, liegt nicht nur an meinen fehlenden finanziellen Möglichkeiten, sondern auch an den Formulierungen der Angebote. In einem der letzten Briefe wurden mir zwei Fonds angepriesen, so viel verstand ich. Den Rest verstand ich leider nicht. Zu einem Fonds hieß es zum Beispiel: „Der Biogasfonds XY verspricht durch einen langfristigen Substratliefervertrag, einem umfangreichen Wartungskonzept und einem vorsichtigen Restwertansatz beim Veräußerungserlös, sich nahtlos in die Reihe der positiven Projektentwicklungen und Vorgängerfonds des Initiators einzureihen. (…) Nutzen Sie unserem umseitigen Antwortcoupon zur Prospektanforderung und sichern Sie sich Ihren individuellen Anlagebetrag."

Dieser Satz ist sehr lang, enthält lange Wörter und Fachbegriffe sowie Grammatikfehler. Seine Aussage erscheint mir zudem mehr als fragwürdig. Wie kann ein Fonds etwas versprechen, und wo liegt der Nutzen, wenn er sich nahtlos irgendwo einreiht? Der Absender will, dass ich mich mit meinem Geld in diesen Fonds einkaufe. Dann sollte er wenigstens erklären, worum es geht und was ich davon habe. Und zwar so, dass ich es verstehe.

Wie machen Sie das bei Ihren Werbebriefen besser? Indem Sie auf folgende Punkte achten, wenn Sie Ihr Anschreiben verfassen.

Kurze Sätze

Wenn Sie sich in Ihrer Freizeit literarisch betätigen, dürfen Sie selbstverständlich so lang und kompliziert schreiben, wie Sie wollen. Im Werbebrief nicht. Wird es Ihren Lesern zu mühsam, Ihnen geistig zu folgen, werfen sie Ihren schönen Brief nämlich einfach weg. Gern zitiert werden in diesem Zusammenhang Untersuchungen, wonach ein Satz im Johannes-Evangelium durchschnittlich 17 Wörter umfasst, einer in der „Bild" sogar nur zwölf. Also hier meine Empfehlung: Nehmen Sie sich das zu Herzen. Schreiben Sie kurze Sätze. Die wirken besser. Ehrlich. Aber nicht übertreiben. Sonst droht ein Satz-Stakkato. Das kann nerven. Wirkt komisch … Sie merken, was ich meine?

Kurze und einfache Wörter

Auch kurze Wörter werden im Vergleich zu langen leichter aufgenommen; als besonders gut lesbar gelten ein- und zweisilbige Wörter. Mit diesen kommt allerdings kaum jemand aus, und ein Brief aus lauter Ein- und Zweisilbern wirkt eher seltsam als überzeugend. Doch insbesondere für zusammengesetzte Hauptwörter gilt: Vermeiden Sie sie ganz oder zerlegen Sie sie durch Bindestriche in leichter lesbare Häppchen. Wenn schon ein Wort wie „Substratliefervertrag" vorkommen muss, empfiehlt es sich, wenigstens „Substrat-Liefervertrag" zu schreiben – sofern der Empfänger weiß, was das ist. Ebenso sollten Sie es mit dem Antwort-Coupon und der Prospekt-Anforderung halten. Wenn Sie eine zu große Anhäufung von Bindestrichen vermeiden wollen, sollten Sie die substantivischen Wortungetüme ganz auflösen und statt des Antwortcoupon und der Prospektanforderung zum Beispiel so formulieren: „Füllen Sie einfach den umseitigen Antwort-Coupon aus und fordern Sie die Prospekte zu unseren Fonds an." Achten Sie auch darauf, Fremdwörter und Fachbegriffe sparsam zu verwenden – und auch nur dann, wenn Sie absolut sicher sind, dass sie in Ihrer Zielgruppe allgemein bekannt sind und verstanden werden.

Absätze und Hervorhebungen

Ist viel Text gleichmäßig über eine ganze Seite verteilt, sieht das sofort nach viel (Lese-)Arbeit für den Empfänger aus. Das schreckt ab. Schreiben Sie lieber insgesamt weniger und verteilen Sie es auf mehrere, nicht zu lange Absätze. Halten Sie sich an die Grundregel: eine Information pro Satz, ein Gedanke pro Absatz.

Besonders zentrale Punkte Ihres Schreibens, etwa ein Knüllerangebot, ein Sonderpreis oder ein schlagendes Nutzenargument, sollten Sie durch Fettdruck und/oder Zentrierung hervorheben. Aber übertreiben Sie es nicht: Ein Anschreiben mit acht dreizeiligen Absätzen und sechs Fettdruck-Hervorhebungen ist ebenso unübersichtlich und verwirrend wie 30 Zeilen Text am Stück ohne jede Hervorhebung.

Bildhafte Sprache

Was spricht Sie mehr an: ein hochwertiges Angebot mit einem günstigen Preis-Leistungs-Verhältnis oder ein Knüller-Angebot? Eine Möglichkeit zur Kostenreduzierung oder ein satter Preisvorteil? Unterstützung dabei, sich im Wettbewerb erfolgreich zu positionieren, oder ein Training, das Ihnen ganz bestimmt die entscheidende Nasenlänge Vorsprung vor der Konkurrenz verschafft?

Ein Werbebrief soll Bilder im Kopf Ihrer Leser erzeugen. Wer dies erreichen will, muss eine Sprache verwenden, die farbig und lebhaft ist. Je lebendiger das so entstandene Bild, desto überzeugender Ihr Angebot. Setzen Sie dazu auch Metaphern – also Wörter, die in übertragener Bedeutung gebraucht werden, etwa „Schlipsträger" für „Führungskraft" – und Vergleiche ein. Hüten sollten Sie sich allerdings vor zu abgedroschenen Bildern, wie der berühmten Spitze des Eisbergs, sowie vor solchen, die in sich nicht stimmig sind, zum Beispiel der einsame Cowboy, der in den Hafen der Ehe einläuft.

Schreiben Sie öfter Sie statt wir

Sie wollen etwas verkaufen. Um dies zu erreichen, müssen Sie Ihre Kunden davon überzeugen, wie nutzbringend Ihr Angebot ist. Ob Sie das geschafft haben, können Sie mit einem einfachen Rot-Grün-Test klären: Nehmen Sie Ihren Werbebrief-Entwurf und markieren Sie jedes „ich", „wir" und „unser" mit einem roten Stift. Jedes „Sie", „Ihnen" und „Ihr" streichen Sie grün an. Es sollte mindestens genauso viel Grün wie Rot auf Ihrem Blatt zu finden sein. Überwiegt das Rot, haben Sie sich rein sprachlich nicht genug am Kunden und seinen Bedürfnissen orientiert.

Zur Akquise per Brief

Prüfen Sie diese Punkte, bevor Sie Ihren Werbebrief abschicken:

- ❏ Sind die Adressen aktuell und auf Zielgruppenzugehörigkeit geprüft?
- ❏ Haben Sie sich für ein Angebot entschieden, das Sie vorrangig bewerben?
- ❏ Wissen Sie, was dieses Angebot in den Augen der Empfänger einzigartig und nutzbringend macht?
- ❏ Ist Ihre Nutzenargumentation überzeugend?
- ❏ Haben Sie den Blickverlauf bei der Gestaltung berücksichtigt?
- ❏ Beantworten Sie die Leserfragen und steuern Sie den inneren Dialog?
- ❏ Sind Ihre Absätze kurz, die wichtigsten Punkte hervorgehoben und das ganze Schreiben übersichtlich?
- ❏ Ist Ihre Headline zugkräftig und der Einstieg packend?
- ❏ Ist Ihre Sprache bildhaft, mit eher kurzen Sätzen und Wörtern?
- ❏ Besteht der Brief den Rot-Grün-Test?
- ❏ Weiß der Leser, was er nach der Lektüre tun soll?
- ❏ Ist die Reaktion für ihn bequem und schnell möglich?

Nun möchte ich Ihnen noch einen recht erfolgreichen Werbebrief zeigen, den Nadja Merl-Stephan für ihre Kommunikationsagentur redshoe dogs eingesetzt hat.

Das Schreiben wurde an knapp 200 Unternehmen verschickt, und zwar im DIN-A4-Umschlag, dem ein einzelner roter Flipflop beigelegt war. Das Fazit der Absenderin: „Das war ziemlich teuer, weil allein das Porto 2,20 Euro je Brief kostete. Aber es hatte eine tolle Resonanz, wir wurden noch Monate später auf das witzige Mailing und die roten Schuhe angesprochen. Zwei konkrete Aufträge kamen auch heraus."

redshoe kreative unternehmenskommunikation **dogs**

ABC-Brauerei
Frau Maria Mustermann
Presse- und Öffentlichkeitsarbeit
Musterstraße 17
0815 Musterstadt

Die härteste Rache eines Journalisten ist das Totschweigen. {Kurt Tucholsky}

Laubach, 13. November 2007

Sehr geehrte Frau Mustermann,

0,8 Sekunden beträgt oft die Lebenszeit einer Pressemeldung in einer Redaktion. Kein Wunder! Denn wie oft haben Sie einen gleich hohen Unterhaltungswert wie Medikamenten-Beipackzettel.
Oder kennen Sie auch die beliebten Newsletter, die sofort den Delete-Impuls auslösen?

Warum der rote Schuh? Der rote Schuh brachte schon vielen unseren Kunden den gewünschten Erfolg.
Denn wir bieten einen Hund mit roten Schuhen. Das Neue. Das Andere. Das Originelle.

redshoe dogs ist im täglichen Kampf um Aufmerksamkeit an Ihrer Seite. Unter 1000 schwarzen Schuhen, werden Ihre gesehen.

redshoe dogs entwickelt die Kommunikationsstrategie, die zu Ihrem Unternehmen passt. Wir erhöhen Ihren Bekanntheitsgrad und steigern Ihr Image.

redshoe dogs glaubt nicht nur daran, dass neue Ideen neue Erfolge bringen.
redshoe dogs setzt dies um.

Haben Sie denn schon Ihre roten Schuhe gefunden? Falls nicht, können wir diese Frage gemeinsam in einem persönlichen Gespräch beantworten.

Einen roten Schuh lassen wir aber schon heute bei Ihnen. Möchten Sie den anderen auch haben, rufen Sie an! Gar kein Interesse? Dann schicken Sie ihn bitte wieder zurück!

Herzliche Grüße & einen guten Wirkungsgrad

redshoe dogs | nadja merl-stephan | im schloss 4 | 35321 laubach | fon 06405 . 95 00 72 | info@redshoe-dogs.com | **www.redshoe-dogs.com**

7. So funktioniert Akquise im Internet

Ihre Website ist ein wichtiges Akquise-Werkzeug. Wie Sie sie richtig nutzen und welche Möglichkeiten Ihnen das Internet bietet, erfahren Sie in diesem Kapitel. Internet-Profis können das World Wide Web noch ausgiebiger nutzen, doch wenn Sie Einsteiger sind, geht es erst einmal um zwei wesentliche Punkte: Sie müssen mit einer funktionalen und überzeugenden Website im Web präsent sein. Und Interessenten sollten Ihre Website leicht finden können. Wenn Sie dabei geschickt vorgehen, wirkt Ihre Website wie ein umgepolter Akquise-Kompass, mit dem Ihre Kunden den Weg zu Ihnen finden.

„Ich fürchte, die 800 Euro für meine Website waren hinausgeworfenes Geld. Jetzt ist sie schon seit acht Wochen online und es ist noch kein einziger Auftrag übers Internet hereingekommen." Diese Befürchtung äußerte eine junge Existenzgründerin, die mir von ihren – ansonsten durchaus gelungenen – Akquise-Erfahrungen berichtete. 800 Euro sind für einen Gründer eine stattliche Investition und es ist verständlich, dass man für dieses Geld auch etwas zurückhaben will. Am liebsten natürlich Aufträge. Ganz so einfach ist die Sache aber nicht.

Ihre Website ist Ihre virtuelle Visitenkarte

Eine Website gehört zur professionellen Grundausstattung eines Unternehmens, doch sie allein bringt noch keine Aufträge. Sie erfüllt zunächst nur die Funktion einer etwas ausführlicheren Visitenkarte. Ein potenzieller Kunde ist zum Beispiel durch eine Empfehlung, durch Ihre Werbung oder auch einen Presseartikel auf Sie und Ihre Leistung gestoßen. Nun gibt er Ihren Namen oder das angebotene Produkt/die Dienstleistung in eine Suchmaschine ein. So möchte er herausfinden, wer Sie sind, was Sie genau tun und ob Sie für ihn nützlich sein könnten. Dann taucht hoffentlich ganz oben auf der Liste Ihre Web-Adresse auf. Klickt er die an, sollte der Kunde eine optisch und funktional professionell gestaltete sowie inhaltlich aussagekräftige Website vorfinden. Überzeugt sie ihn, dann wird er Sie – vielleicht – per E-Mail kontaktieren oder anrufen. Dass ein Auftrag über die E-Mail-Funktion auf der Website hereinkommt, dürfte aber eine Ausnahme sein und bleiben (wenn Sie nicht gerade einen Online-Shop betreiben).

Wählen Sie eine gute Web-Adresse

Gut ist eine Adresse dann, wenn sie leicht zu finden, leicht zu merken und Ihnen aus Sicht Ihrer Kunden eindeutig zuzuordnen ist. Wenn Sie Ihrem Unternehmen einen Namen gegeben haben, sollte er möglichst in Ihrer Web-Adresse vorkommen. Der Domain-Name von Christa Fellner und ihrem Unternehmen OriKom beispielsweise lautet www.orikom.de. Als Solo-Selbständiger können Sie genauso gut Ihren eigenen Namen verwenden (www.kettl-roemer.de). Wenn Sie wollen, kombinieren Sie ihn mit einem Begriff, der deutlich macht, welche Leistungen Sie anbieten (www.ehnes-personalentwicklung.de). Diese Lösung sollten Sie auch dann wählen, wenn Ihr Name oder der Name Ihres Unternehmens schon als Web-

Adresse vergeben ist. Beispiel: www.frank-mueller.de existiert schon, aber www.rechtsanwalt-frank-mueller.de nicht.

Nicht ideal sind aus meiner Sicht Adressen mit Kürzeln, die sich Außenstehenden nicht leicht erschließen, und sehr unspezifische Adressen, die auch jeder andere Anbieter aus Ihrer Branche benutzen könnte. Erstere kann man sich schlecht merken, Letztere verwässern Ihr Profil. www.ehnes-personalentwicklung.de ist sicherlich leichter zu merken als www.pe-ehnes.de, www.eventagentur-krollmann.de trennschärfer als www.eventagentur.de. Die letzte Adresse wäre natürlich trotzdem vorteilhaft, weil sie einem häufig eingegebenen Suchbegriff entspricht und bei der Suche nach „Eventagentur" immer ganz weit oben auftaucht. Derartige sogenannte generische Domains sind aber in aller Regel bereits vergeben, sodass Sie mit www.eventagentur-krollmann.de wahrscheinlich doch besser fahren.

Leisten Sie sich einen professionellen Webauftritt

Gehen Sie mit einer selbst gestalteten Site nur an den Markt, wenn Sie ein echter Webdesign-Profi sind. Alle anderen Selbständigen sind gut beraten, einen Profi zu beauftragen. Bis zu 2.000 Euro wird Sie das typischerweise kosten, je nach Umfang und Ausgestaltung. Deutlich mehr sollten Sie nicht für einen Webauftritt ausgeben, es sei denn, Sie benötigen umfangreiche Shop- oder Buchungstools. Durchdenken Sie Aufbau, Inhalte und Design vorab gut, damit nicht schon nach kurzer Zeit gravierende Änderungen nötig werden. Kleinere Aktualisierungen können und werden Sie ohnehin laufend vornehmen. Natürlich sollte die Website Ihrem Corporate Design entsprechen, Ihr Logo und Ihre Firmenfarben enthalten und ansonsten ansprechend und benutzerfreundlich aufgebaut sein. Wie das geht, lesen Sie in den Abschnitten über die einzelnen Website-Elemente.

Vernachlässigen Sie aber über Struktur und Design die Texte nicht. Sie dürfen und sollen Ihre Persönlichkeit widerspiegeln. Auf grammatikalisch korrekte Sätze und perfekte Rechtschreibung sollten Sie auf jeden Fall achten. Bitten Sie im Zweifelsfall einen externen Korrektor, vielleicht einen Deutschlehrer aus Ihrem Bekanntenkreis, die Texte Korrektur zu lesen. Websites mit Rechtschreibfehlern und sprachlichen Schnitzern wirken unprofessionell und führen dazu, dass Ihr komplettes Angebot als weniger wertig oder sogar unglaubwürdig wahrgenommen wird.

Als Marion Ladich 2003 als Zirkuspädagogin an den Markt ging, gehörte die eigene Website zu ihren ersten Projekten. „Mir war damals schon klar, dass eine Website einfach zum Standard gehört und dass Interessenten sich immer zuerst auf der Website über mich informieren würden. Ich habe mir sehr lange Gedanken über einen Namen und ein passendes Logo gemacht. Schließlich entschied ich mich für „Trapezius" und eine Trapezfigur als Logo. Das Logo habe ich von einer Webdesignerin nach meinen Vorgaben gestalten lassen. Ebenso habe ich es mit den weiteren Seiten gehalten: Ich habe die gedankliche Vorarbeit geleistet, die Umsetzung aber professionell machen lassen. Ich habe mir überlegt, welche Inhalte ich selbst bräuchte, um mich als Auftraggeber zu melden, und diese formuliert. Geschrieben habe ich die Texte dann mit Unterstützung einer Journalistin. Ausgeführt hat die Gestaltung dann die Webdesignerin. Alles in allem habe ich rund 2.000 Euro für meinen Webauftritt bezahlt. Aber das war gut investiertes Geld. Ich bekomme auch heute, fünf Jahre nach dem Start, immer wieder Komplimente von Interessenten, die meinen Webauftritt sehr gelungen finden."

Die wichtigsten Bestandteile eines Internetauftritts

Was suchen Sie, wenn Sie sich im Internet über einen potenziellen Kunden oder sonstigen Geschäftspartner informieren? In aller Regel möchten Sie Antworten auf ein paar Fragen finden:

- Wer ist der Anbieter?
- Was macht diese Person oder Firma? Was genau ist ihr Angebot?
- Bietet sie etwas an, das für mich nützlich ist?
- Welche Qualifikationen/Referenzen hat sie?
- Wie kann ich zu ihr Kontakt aufnehmen?

Das sind genau die Fragen, die sich jeder andere Besucher einer Website auch stellt. Daraus ergibt sich, was Sie als Mindestinhalt für Ihre eigene Website zusammenstellen sollten.

Startseite

Dieser Bestandteil ist zweifellos der wichtigste. Auf der Startseite landet jeder Besucher als Erstes und sieht sich dort ein wenig um. Ähnlich wie beim Werbebrief entscheiden auch hier die ersten paar Sekunden über Erfolg oder Misserfolg. Fühlt sich der Besucher angesprochen, wird er sich auch die übrigen Inhalte ansehen. Andernfalls verlässt er Ihre Seiten wieder.

Das heißt: Auf Ihrer Startseite sollte nach dem ersten Klick klar und übersichtlich zu erkennen sein, wer Sie sind, was Sie machen und was Ihr USP ist. Sind Sie Solo-Selbständiger und damit das Gesicht Ihres Unternehmens, platzieren Sie auf der Startseite auch ein Foto von sich. Natürlich nicht irgendeinen Schnappschuss aus Ihrem Familienalbum, sondern ein Portrait, das von einem Profi-Fotografen gemacht wurde. Achten Sie darauf, dass es Sie gut gekleidet, natürlich und sympathisch – kurz, von Ihrer besten Seite – zeigt.

Ich habe in meinen Recherche-Gesprächen erfahren, dass es vielen Selbständigen unangenehm ist, ein Foto von sich ins Web zu stellen. Sie haben das Gefühl, sich damit zu sehr zu exponieren. Ein Bild ist meiner Überzeugung nach jedoch ein Muss, wenn Sie persönliche Leistungen wie Beratung, Coaching, Training oder Gesundheitsdienstleistungen anbieten. In diesen Bereichen basiert eine Kundenbeziehung vor allem auf Vertrauen. Und das entsteht nun einmal nur von Mensch zu Mensch. Erfolgt der erste Kontakt übers Internet und damit über ein abstraktes Medium, ist es besonders wichtig, dass Sie es Ihren potenziellen Kunden ermöglichen, sich im wahrsten Sinne des Wortes ein Bild von Ihnen und Ihrer Persönlichkeit zu machen.

Profil/Über uns

Auf dieser Seite sollte auf jeden Fall ein Foto von Ihnen zu sehen sein, denn hier geht es um Sie. Sie stellen sich, Ihren Werdegang und Ihre Qualifikationen näher vor. Bleiben Sie dabei nicht zu sachlich. Die wenigsten Besucher werden nur Ihren tabellarisch geordneten Lebenslauf lesen wollen, insbesondere wenn Sie sonst nichts von sich preisgeben. Schreiben Sie, welche Erfahrungen Ihren beruflichen Werdegang geprägt haben, was Sie warum anbieten, warum Sie einen besonderen Draht zu Ihrer Zielgruppe haben und worauf es Ihnen bei Ihrer Arbeit ankommt. Abschlüsse, Zertifizierungen oder ähnliche „Gütesiegel" erwähnen Sie natürlich zusätzlich. Wenn Sie bereits über Referenzen verfügen, ist diese Seite der richtige Platz, um sie aufzuführen. Noch besser ist es, wenn hier die Meinung eines oder gar mehrerer begeisterter Kunden über Sie wiedergegeben wird.

Und immer wieder geht es um Ihren USP. Machen Sie deutlich, was Sie von anderen Anbietern unterscheidet und warum die Interessenten gerade Sie beauftragen sollten. Das sollten Besucher Ihrer Seite erkennen können, wenn sie Ihr Profil gelesen haben.

Produkte und Dienstleistungen

Beschreiben Sie Ihr Angebot so, dass es Ihrer Positionierung entspricht: Was bieten Sie für welche Zielgruppe an? Formulieren Sie so konkret wie möglich. Vielleicht denken Sie jetzt, dass Sie mit einer zu genauen Zielgruppenbeschreibung und einem ganz klar umrissenen Angebot nicht jeden Besucher Ihrer Website ansprechen. Das stimmt auch. Wer feststellt, dass Sie nicht das Richtige für ihn haben, wird sich zurückziehen. Aber dafür landen Sie einen Volltreffer bei denjenigen, die zu Ihrer Zielgruppe gehören.

Immer wieder stoße ich auf Websites von Anbietern, die sich offenbar nicht auf ein Angebot festlegen wollten oder konnten. Einige definieren ihre Leistungen so allgemein, dass man das Gefühl bekommt, sie böten alles für jeden an. Im Umkehrschluss heißt das: Diese Anbieter sind für nichts Experten, also auch nicht für mich und meine Bedürfnisse. Oder sie veröffentlichen etwas über ihr Thema, dass so nichtssagend oder gestelzt formuliert ist, dass überhaupt nicht klar wird, worum es eigentlich geht. Wie Sie Ihr Angebot präzise und verständlich auf den Punkt bringen, haben Sie im vorhergehenden Kapitel erfahren. Die dort erläuterten Grundsätze gelten auch, wenn Sie für Ihre Website texten.

Kontakt beziehungsweise Rückruf

Auch das sehe ich im Internet immer wieder: Websites, auf denen die Kontaktdaten des Anbieters nur schwer zu finden sind. Zufällige Besucher halten sich damit aber nicht lange auf, sondern klicken im Zweifelsfall einfach weiter. Ihre Kontaktdaten sollten also prominent platziert sein, am besten auf einer eigenen Seite. Je nach Art Ihrer Leistung kann es recht praktisch sein, ein Formular für E-Mail-Anfragen einzurichten, in dem Sie gleich einige Daten der potenziellen Kunden abfragen. Aber bitten Sie nur um Angaben, die Sie tatsächlich zur Bearbeitung der Nachricht benötigen, sonst vergraulen Sie sicherlich auch einige Interessenten. Geben Sie zusätzlich Ihre Telefonnummer an, denn dann kann der Kunde wählen, über welchen Weg er mit Ihnen Kontakt aufnehmen möchte. Im Impressum müssen Sie sie ohnehin veröffentlichen.

Impressum

Ohne Impressum geht es nicht. Das ist gesetzlich vorgeschrieben, und zwar im Paragrafen 5 des Telemediengesetzes. Die Regelung bezieht sich auf Anbieter, die „geschäftsmäßige, in der Regel gegen Entgelt angebotene Telemedien" ins Web stellen. Juristen interpretieren diese Definition ziemlich weit: Betroffen ist praktisch jeder, der aus geschäftlichen Zwecken eine Website unterhält, unabhängig davon, ob er darauf kostenpflichtige Inhalte anbietet oder nicht. Selbst eigentlich „private" Blogger, die Anzeigen auf ihrer Website platzieren, fallen unter die Definition. Das Gesetz verlangt von diesen Anbietern ausdrücklich, folgende Informationen „leicht erkennbar, unmittelbar erreichbar und ständig verfügbar" zu halten:

- Den Namen und die Anschrift des Unternehmens; bei juristischen Personen die Angaben zur vollständigen Firmierung und zu den Vertretungsberechtigten

- Telefon- und, falls vorhanden, Faxnummer sowie E-Mail-Adresse

- Die Aufsichtsbehörde, für den Fall, dass das Unternehmen einer solchen untersteht

- Gegebenenfalls das Handelsregister oder Partnerschaftsregister, in das ein Unternehmen eingetragen ist, sowie die Nummer dazu

- Bei bestimmten freien Berufen (Ärzten, Architekten, Rechtsanwälten, Steuerberatern):

  - Die Kammer, der die betreffende Person angehört

  - Die gesetzliche Berufsbezeichnung und der Staat, in dem sie verliehen wurde

  - Die Bezeichnung der berufsrechtlichen Regelungen (zum Beispiel der Bundesrechtsanwaltsordnung) sowie ein Verweis darauf, wo diese einzusehen sind (hier genügt ein Link)

Auch wenn das nach großem Aufwand klingt: Halten Sie sich unbedingt an die Impressumspflicht. Nicht nur, weil sie den ehrenwerten Zweck hat,

Internetnutzer vor unseriösen Angeboten und Betrügern zu schützen. Sondern auch, weil immer noch Scharen von Anwälten das Web auf der Suche nach Gesetzesverstößen durchkämmen und saftige Gebühren für Abmahnungen kassieren. Aus demselben Grund sollten Sie auch vorsichtshalber darauf hinweisen, dass Sie die Haftung für die Inhalte von Seiten, zu denen Sie Ihre Site verlinken, ausschließen.

Tipp
Für eine schnelle Übersicht

Kombinieren Sie Ihre Kontakt- und Ihre Impressumsseite zu einer Seite „Kontakt/Impressum". So können die Besucher Ihrer Website diese wichtigen Informationen schnell finden.

Worauf es bei der Website-Gestaltung sonst noch ankommt

Machen Sie es Besuchern so einfach und bequem wie möglich, wenn sie sich Ihre Seite ansehen. Das heißt: Verzichten Sie auf aufwendige Grafiken und Spielereien wie Intro-Animationen. Sie mögen zwar nett ausschauen, doch durch sie verlangsamt sich der Seitenaufbau erheblich; nicht jeder hat schließlich DSL. Intros sind sowieso höchstens beim ersten Besuch interessant, danach werden sie eher lästig.

Achten Sie zudem auf eine klare Seitenstruktur und ein einfaches Menü mit gut erkennbaren Unterebenen. Web-Experten empfehlen die „Drei-Mausklick-Regel": Sie besagt, dass ein Besucher über höchstens drei Mausklicks an jeden beliebigen Punkt Ihres Web-Angebots gelangen können sollte. Zusätzlich lassen sich im Text Hyperlinks setzen, die der Betrachter anklicken kann, wenn ihn das betreffende Stichwort interessiert. Diese Hyperlinks sollten am besten so gekennzeichnet sein, wie es Internetnutzer gewohnt sind, nämlich unterstrichen und hellblau oder lila (wenn sie bereits angeklickt wurden).

Außerdem darf Ihre Seite nicht zu großflächig gestaltet sein. Es gibt immer noch Nutzer mit kleinen Bildschirmen, andere surfen mit ihrem Notebook. Eine Seite, die auf Ihrem 21-Zoll-Bildschirm toll aussieht, kann da sehr unübersichtlich werden. Orientieren Sie sich daher am kleinsten gemeinsamen Nenner, nämlich einer Bildschirmbreite von 1.024 Pixeln. Wichtig ist auch, dass die Seiten mit verschiedenen Browsern funktionieren, da nicht alle Web-Nutzer mit dem Microsoft Internet Explorer online gehen.

Unabhängig vom Format dient es der Lesbarkeit, wenn Sie einen weißen Hintergrund und eine schwarze Standardschrift wie Arial oder Helvetica wählen. Andere Farbkombinationen sind schlechter lesbar, insbesondere helle Schrift auf dunklem Hintergrund. Letzteres ist außerdem ungünstig, wenn ein Besucher Ihre Texte so spannend findet, dass er sie ausdrucken will.

Machen Sie Ihre Website zum Akquise-Werkzeug

Bisher ging es um die Mindestanforderungen, die Ihre Website erfüllen muss, um als virtuelle Visitenkarte zu dienen. Ein Besuchermagnet ist sie damit noch nicht. Wie aber ziehen Sie Besucher an? Und was können Sie tun, damit diese Ihre Website nicht nur einmal, sondern öfter anklicken und irgendwann vielleicht eine Anfrage an Sie richten? Wie können Sie über Ihre Website Kundenbeziehungen aufbauen? Das schaffen Sie am besten in einem zweistufigen Prozess, und zwar indem Sie kostenfrei Informationen für die Besucher bereitstellen und weitere Kontakte per E-Mail anbahnen.

Stellen Sie nützliche Informationen ins Netz

Wer im Internet unterwegs ist, sucht letztlich immer Informationen. Nehmen wir an, Sie hätten Probleme mit Ihrem Hund, weil er häufig in Beißereien mit anderen Hunden verwickelt ist und neulich den Nachbarn böse angeknurrt hat. Sie fragen sich inzwischen, ob das noch normal ist. Ob Sie ihm das abgewöhnen können oder ob professionelle Hilfe erforderlich ist. In dieser Situation geben Sie als Suchbegriffe „Tierpsychologe" und Ihre Stadt oder Region in eine Suchmaschine ein. Tatsächlich finden Sie mehrere Websites von Tierpsychologen, keinen davon kennen Sie bisher. Alle wirken auf ihren Fotos sympathisch und scheinen von ihrer Ausbildung her kompetent zu sein.

Auf der Site einer der Anbieter finden Sie einen Menüpunkt „Tipps für Hundehalter". Einen Klick weiter stoßen Sie auf eine Auswahl an Unterpunkten, nämlich einen interaktiven Test („Ist Ihr Hund ein Problemhund?"), einen Artikel aus einer Fachzeitschrift über Unterschiede und Gemeinsamkeiten in der Körpersprache von Hund und Wolf und einen Beitrag mit dem Titel „Die zehn häufigsten Fehler bei der Hundeerziehung". Test und Beiträge sind sehr informativ geschrieben und lesen sich gut. Welche Website wird Ihnen wohl am ehesten im Gedächtnis bleiben oder sogar auf Ihrer Favoritenliste landen? Und an wen werden Sie sich wenden, wenn Sie zu dem Schluss kommen, dass Ihr Hund tatsächlich in die Hände eines Experten gehört?

Großzügigkeit zahlt sich meiner Erfahrung nach immer aus. Auch im Internet. Schenken Sie Ihren Besuchern etwas von Ihrem Wissen, etwas, das Nutzen stiftet. Viele werden dieses Geschenk annehmen und einfach so wieder verschwinden. Manche werden wiederkommen, besonders wenn sie erwarten, hin und wieder neue Inhalte auf Ihrer Seite zu finden, die für sie von Interesse sein könnten. Genau das heißt es, etwas zu schenken: Sie erwarten keine Gegenleistung, sondern überlassen Ihr Knowhow Ihren Besuchern einfach so. Trotzdem wird sich dieses Vorgehen für Sie auszahlen. Für Besucher, die Ihr Geschenk annehmen, sind Sie kein Unbekannter mehr, sondern jemand, der sich als wertvoller Informationslieferant und Experte gezeigt hat. Sie kennen Ihren Namen und Ihr Angebot. Sie haben Vertrauen zu Ihnen gefasst. Daher empfehlen sie Ihre Site Freunden und Bekannten, die sich für dasselbe Thema interessieren. Von hier bis zu einem Auftrag ist der Weg dann nicht mehr weit.

Fragen Sie sich nun, mit welchen Informationen Sie diesen Effekt erreichen können? Je nach Art Ihrer Leistung bieten sich zum Beispiel die folgenden Möglichkeiten an:

- Fachartikel

- Checklisten

- Linksammlungen

- Tipps und Anleitungen

- Interaktive Tests

Zur Website

Prüfen Sie anhand der folgenden Fragen, ob und wo eventuell noch Änderungsbedarf besteht.

❑ Haben Sie einen aussagekräftigen Domain-Namen gefunden?

❑ Umfasst Ihre Website die wesentlichen Bestandteile: Startseite, Profil, Leistungen und Kontakt/Impressum?

❑ Entspricht die Gestaltung Ihrem Corporate Design?

❑ Ist Ihre Website benutzerfreundlich aufgebaut, das heißt mit kurzen Ladezeiten und übersichtlicher Menüsteuerung?

❑ Haben Sie auf der Startseite ein (gutes) Foto von sich platziert?

❑ Wird bereits auf der Startseite deutlich, wer Sie sind, was Sie für wen anbieten und warum Sie das besser tun als andere?

❑ Sind Ihre Texte kurz, gut verständlich formuliert und sprachlich sowie orthografisch einwandfrei?

❑ Bieten Sie attraktive Inhalte (Content) auf Ihrer Website?

Wie Sie Kontakte über Ihre Homepage aufbauen

Eine gut gemachte Website mit hohem Informationswert wirkt gewissermaßen als passives Akquise-Werkzeug. Mit dem nächsten Schritt gehen Sie dazu über, aktiv den Kontakt zu Ihren Website-Besuchern zu pflegen und zu vertiefen. Das funktioniert mit E-Mails.

Natürlich schreiben Sie auch Ihre E-Mails kunden- und nutzenorientiert, wie Sie es im Kapitel über Brief-Mailings gelesen haben. Besonderes Augenmerk sollten Sie dabei auf die Formulierung der Betreffzeile legen, die in der E-Mail die Headline ersetzt und entscheidenden Einfluss darauf hat, ob der Empfänger Ihre Botschaft überhaupt liest oder sie gleich löscht. Machen Sie im Betreff klar, dass Sie ein interessantes Angebot für den Leser haben („Jetzt neu: Online-Sprechstunde für Hundehalter"). Seien Sie dabei aber vorsichtig mit vermeintlichen Knüller-Begriffen wie „gratis" oder „Superangebot" – denn dann landen Ihre E-Mails schnell im Spamfilter des Empfängers.

Die rechtliche Seite der E-Mail-Akquise

Ob Sie Geschäfts- oder Privatkunden finden wollen: Grundsätzlich dürfen Sie nicht „kalt" per E-Mail akquirieren. E-Mail-Werbung ist nur dann zulässig, wenn der Empfänger sein Einverständnis erklärt hat. Es reicht nicht aus, wenn Sie eine Visitenkarte oder einen Brief mit einem Briefkopf bekommen haben, aus dem die E-Mail-Adresse hervorgeht. Vielmehr muss eine ausdrückliche schriftliche oder per E-Mail erteilte Einverständniserklärung vorliegen. Hierbei handelt es sich um das sogenannte Opt-in-Verfahren.

Von dieser strengen Regelung gibt es eine Ausnahme: Der Empfänger hat Ihnen seine E-Mail-Adresse im Rahmen einer bereits erfolgten Transaktion überlassen. Dann dürfen Sie davon ausgehen, dass er an weiteren ähnlichen Angeboten interessiert ist. Dies greift allerdings nur, wenn der Kunde sowohl bei der Erhebung als auch bei jeder weiteren Nutzung seiner E-Mail-Adresse deutlich darauf hingewiesen wird, dass er die Erlaubnis jederzeit kostenlos widerrufen kann.

Wenn ein Kunde bei Ihnen beispielsweise einmal ein Seminar zum Thema „Stil und Etikette" gebucht hat, dürfen Sie ihm ohne weiteres eine E-Mail-Einladung zu einem Etikette-Training-Dinner zusenden. Nicht rechtmäßig wäre es allerdings, wenn Sie für etwas völlig anderes werben, ihm etwa eine Lebensversicherung anbieten.

Halten Sie sich unbedingt an die rechtlichen Vorgaben. Denn zum einen drohen anderenfalls teure Abmahnungen, zum anderen wissen Sie selbst, wie lästig und nervig unerwünschte Werbe-E-Mails sind. Sicher ist es nicht in Ihrem Interesse, sich bei potenziellen Neukunden gleich als Spammer einzuführen. Trotzdem müssen Sie auf E-Mails als Akquise-Werkzeug nicht verzichten. Denn Sie können Ihre potenziellen Kunden ja dazu bringen, ihr Einverständnis zu erklären. Wie das geht? Indem Sie eine attraktive Gegenleistung bieten, zum Beispiel einen E-Mail-Newsletter.

Etablieren Sie einen Newsletter

Für einen Newsletter meldet sich Ihr Kunde freiwillig an. Rechtlich ist dafür das Double-Opt-in-Verfahren vorgeschrieben. Das heißt: Nach seiner erstmaligen Registrierung müssen Sie dem Neuabonnenten eine E-Mail schicken, auf die hin er nochmals bestätigt, dass er Ihren Newsletter wirklich haben will. Das lässt sich leicht mit einem Hyperlink erledigen, den der Interessent nur anzuklicken braucht. Dadurch haben Sie das ausdrückliche Einverständnis Ihres Kunden, dass er Ihren Newsletter haben will, und sind rechtlich wie psychologisch auf der sicheren Seite. Ab dann müssen Sie ihm eine einfache Möglichkeit geben, den Newsletter jederzeit per E-Mail abzubestellen. Am besten weisen Sie darauf in jeder Ausgabe Ihres Newsletters hin und erleichtern diesen Schritt durch einen entsprechenden Link. Das war's.

Damit Ihre Kunden diese Prozedur mitmachen, müssen sie den Newsletter tatsächlich haben wollen. Dafür zu sorgen ist Ihre Sache. Und zwar, indem Sie ihn zu einem attraktiven Produkt machen. Ihr Ziel besteht nun darin, dass möglichst viele Besucher Ihrer Website

- Ihren Newsletter abonnieren,

- jede Ausgabe aufmerksam lesen,

- dauerhaft im Abonnement bleiben und

- irgendwann auf eines Ihrer Angebote im Newsletter mit einer Anfrage oder Bestellung reagieren.

Wie Sie das schaffen? Sicher nicht, indem Sie Ihren Abonnenten Werbung oder gar Selbstbeweihräucherung zukommen lassen. Ein „News-Letter" im Wortsinn ist ein Brief voller interessanter Neuigkeiten. Wenn Sie das bieten, wird er gern und aufmerksam gelesen. Inhalte können zum Beispiel sein:

- Tipps, Checklisten und andere Arbeitshilfen

- Fallbeispiele aus der Praxis (mit überzeugender Lösung)

- Neue Gerichtsurteile und Gesetzesänderungen, die mit Ihrem Themengebiet zu tun haben

- Zusammenfassungen von Studienergebnissen, die Ihre Leser interessieren könnten

- Themenspezifische Anekdoten, Zitate und Witze (Hierbei aber bitte auf die Inhalte achten!)

- Hinweise auf eigene und branchenspezifische Veranstaltungen und Messen

- Aktionen und Sonderangebote

- Neue Leistungen oder Produkte in Ihrem Angebot

- Auszeichnungen, Zertifizierungen, Gütesiegel, die Sie neu erhalten haben

Wenn Sie einen E-Mail-Newsletter neu etablieren wollen, starten Sie am besten mit einfachen Serien-E-Mails. Versenden Sie sie immer dann, wenn es gerade etwas Neues zu berichten gibt. Wenn Ihr Adress- und Abonnentenbestand wächst und erste Anfragen kommen, können Sie immer noch einen umfangreicheren Newsletter mit Profi-Design und regelmäßiger Erscheinungsweise (zum Beispiel einmal monatlich) entwickeln.

Klein anzufangen spart nicht nur Aufwand, sondern auch Geld: Solange Sie einfache Serien-E-Mails in kleinerer Menge (weniger als 200 Abonnenten) verschicken, brauchen Sie dafür keine Spezialsoftware, sondern können mit *Outlook* und einer Verteilerliste arbeiten.

Tipp
Vor dem Versand zu beachten

Setzen Sie die Verteilerliste nicht in das An:-Feld oder Cc:-Feld, sondern in das Bcc:-Feld, wenn Sie Ihre E-Mail verschicken. Sonst können alle Empfänger die Adressen sämtlicher anderen Abonnenten lesen, womit Sie nicht nur Ihren wertvollen Adress-Schatz vergeuden, sondern möglicherweise auch etliche Empfänger verärgern.

Haben Sie es geschafft, mehrere hundert Abonnenten zu gewinnen und wollen Sie diesen einen perfekt gestalteten Newsletter bieten, sollten Sie sich eine Spezialsoftware für Adressverwaltung und Mailen beziehungsweise einen externen Dienstleister suchen, der das für Sie übernimmt. Dann lohnt sich auch der Einsatz eines Grafikers. Wenn Sie sich an mehr Empfänger wenden, informieren Sie sich unter www.jeder-ist-unternehmer.de/serienmail über die Software *Supermailer.*

Wie Ihre Kunden Sie sicher im World Wide Web finden

Sie haben eine Homepage und bieten interessante Inhalte. Damit haben Sie den Weg über das Internet zu Ihren Kunden geebnet. Nun geht es an die

Feinheiten. Präsent zu sein ist gut, auffällig präsent zu sein und ganz oben in der *Google*-Trefferliste zu stehen ist noch besser.

Wählen Sie die richtigen Suchbegriffe

Man kann es in Hinblick auf den gesunden Wettbewerb besorgniserregend finden, aber *Google* ist nun mal die Nummer eins unter den Suchmaschinen, und zwar mit so viel Abstand, dass das Wort „googeln" schon zu einem Synonym für „im Internet suchen" geworden ist. Unter ökonomischen Gesichtspunkten ist es daher sinnvoll, sich beim Suchmaschinen-Marketing auf *Google* zu konzentrieren. Entscheidend sind die Suchbegriffe (Keywords), die Sie zu Ihrer Website eintragen (lassen). Gehen Sie dabei am besten in vier Schritten vor.

1. Überlegen Sie sich, unter welchen Suchbegriffen Sie Ihre eigene Leistung suchen würden. Fragen Sie dazu auch bei potenziellen Geschäftspartnern nach.

2. Fassen Sie die Suchbegriffe möglichst eng. Als ich bei der Recherche für das Buch zum Beispiel das Wort „Beratung" bei *Google* eingab, erhielt ich etwa 50.400.000 Treffer. Bei „Unternehmensberatung" waren es nur noch 6.710.000, bei „Marketingberatung" 415.000, bei „Positionierungsberatung" nur noch 2.870. Je kleiner die Treffermenge, desto leichter können Sie ganz oben landen.

3. Geben Sie nicht zu viele Suchbegriffe an. *Google* bevorzugt Seiten mit wenigen Suchwörtern, da diese punktgenauere Treffer zu sein scheinen, während Seiten mit vielen Suchbegriffen abgewertet werden. Ideal sind fünf bis sechs Suchwörter pro Website.

4. Platzieren Sie die Suchwörter an prominenter Stelle auf Ihrer Website. *Google* sucht nämlich vor allem in Titelzeilen, Überschriften, internen Links und im Text danach. Übertreibung schadet aber auch hier. Ganz gewiefte Web-Suchmaschinenprofis hatten nämlich die Idee, die Suchwörter zigfach zum Teil für den Benutzer unsichtbar in weißer Schrift oder im Hintergrund der Website unterzubringen, um weit oben auf der Ergebnisliste zu stehen. Das führt bei *Google* aber zur Abwertung oder im schlimmsten Fall zum kompletten Ausschluss.

Verlinken Sie sich mit anderen Websites

Das Verlinken lohnt sich doppelt: Zum einen werden Seiten, zu denen Hyperlinks führen, von Suchmaschinen höher bewertet als solche, die ganz für sich allein stehen. Allerdings macht hier nicht nur die Menge, sondern auch die Qualität den Erfolg aus. Zum anderen erzeugen Links, die auf Ihre Site führen, automatisch einen stärkeren Besucherzustrom.

Das heißt nicht, dass Sie nach dem Motto „Viel hilft viel" wahllos Links sammeln und setzen sollten. Hier gilt dasselbe wie beim Thema „Akquise und Kooperationen". Positionierung, Image und Leistungsqualität Ihrer Link-Partner sollten zu Ihnen passen. Wählen Sie also sorgfältig aus, mit welchen Betreibern Sie in Verbindung gebracht werden möchten. Psychologisch geschickt gehen Sie vor, wenn Sie zuerst auf Ihrer Website Links zu diesen ausgewählten Homepages setzen – etwa unter einer eigenen Rubrik „Partnerunternehmen" oder „Links". Anschließend kontaktieren Sie die jeweiligen Unternehmen, teilen ihnen mit, dass Sie einen Link zu ihnen gesetzt haben, und bitten sie, das Gleiche für Sie zu tun. Übertreiben Sie es nicht: Eine kleine, aber feine Linkliste ist besser als eine riesige und unübersichtliche. Letztere beinhaltet zudem das Risiko, von *Google* als missbräuchlich eingeschätzt und daher mit einem schlechteren Platz auf der Trefferliste abgestraft zu werden.

Google AdWords

So werden die kleinen Anzeigen genannt, die Sie oben rechts neben der Trefferliste finden, wenn Sie nach bestimmten Begriffen suchen. Damit stellt *Google* ein hervorragendes Akquise-Instrument zur Verfügung, das im Allgemeinen auch sehr kostengünstig ist. Wenn Sie im Web Kunden gewinnen wollen, sollten Sie *Google* AdWords zumindest testweise einsetzen. Als ich bei meinen Recherchen zum Beispiel die Suchbegriffe „Marketing" und „Handwerker" eingab, erschien rechts oben am Rand neben den Hits folgende Anzeige:

> ### Marketing im Handwerk
> Konkrete Maßnahmen, die Geld sparen
> und endlich Ergebnisse bringen.
>
> www.marketingtippsfuerhandwerker.de

Als ich auf den Link klickte, landete ich auf der Website von Ruth Schneider, die ihren Newsletter mit dem Titel „Marketingtipps für Handwerker" zum Abonnement anbietet. Die erste Ausgabe ist kostenlos, wer sich für das Abo entscheidet, zahlt 4,80 Euro je Stück. Das Fazit der Anbieterin: „Das ist ein Selbstläufer. Ich gebe monatlich 15 Euro für *Google* AdWords aus und gewinne jeden Monat zwei neue Abonnenten. Viele von denen bleiben zwar nur kurz, aber diejenigen, die länger bleiben, melden sich früher oder später bei mir, weil sie eine Beratung brauchen. Mindestens genauso gut ist: Über die Marketingtipps werden auch andere Unternehmen auf mich aufmerksam, etwa Verlage oder Zulieferer, die Zugang zum Markt der Handwerker suchen. Die wenden sich ebenfalls an mich und beauftragen mich als Beraterin. Ich gewinne also doppelt. Übrigens habe ich auch andere Anzeigenversionen bei den AdWords getestet. Am meisten Klicks gab es bei einer, die das Wort „Gratis" in der Headline hatte. Ins Abo gingen da aber weniger als bei meiner jetzigen Version."

Sollte diese Anzeige nicht auftauchen, wenn Sie die beiden Suchbegriffe eingeben, liegt es vermutlich daran, dass das monatliche AdWords-Budget zu diesem Zeitpunkt bereits erschöpft ist – weil die Anzeige so erfolgreich war und so oft angeklickt wurde.

Tipp
Prüfen Sie Ihre Formulierungen

Wenn Sie über *Google* AdWords werben wollen, sind einige Vorgaben hinsichtlich der Formulierungen zu beachten. Näheres dazu finden Sie unter www.adwords. google.de/support. Klicken Sie dort in der Rubrik „Informationen zu AdWords" auf „Demos und Leitfäden" und dann auf „Redaktionelle Richtlinien".

So funktionieren die *Google* AdWords

Genaue Erläuterungen und ein Online-Werkzeug, mit dem Sie gleich Ihre erste Anzeige gestalten und schalten können, finden Sie auf der Startseite von *Google* unter der Rubrik „Unternehmensangebote". Beginnen Sie testweise zunächst mit der Starter-Edition, klicken Sie dazu auf „Jetzt starten". Das Prinzip ist einfach:

1. Sie geben an, in welcher Zielregion Ihre Anzeige erscheinen soll. Die mobile Fußpflegerin aus unserem Beispiel von Seite 93f. kann die Anzeige nur in ihrer Stadt und im nahen Umland platzieren. Für Kunden aus Buxtehude ist eine Fußpflegerin aus Oberstdorf nicht wirklich interessant. Sucht jemand dagegen ausdrücklich nach „Fußpflege" und „Oberstdorf", hat ebendiese Anzeige eine höhere Relevanz und landet weiter oben auf der Trefferliste.

2. Dann benennen Sie die Website, auf der die Besucher, die Ihre Anzeige anklicken, landen sollen.

3. Für den Text der Anzeige stehen Ihnen vier Zeilen zur Verfügung: eine Titelzeile, zwei Zeilen beschreibender Text und eine Zeile für den Hyperlink auf Ihre Website. Zudem wählen Sie die Suchbegriffe aus, unter denen Sie gefunden werden wollen. Google empfiehlt, höchstens 20 möglichst präzise Suchbegriffe anzugeben. Formulieren Sie hier möglichst konkret, wie es das Beispiel mit den Marketingtipps zeigt.

4. Sie bestimmen, wie viel Sie monatlich für Google Adwords ausgeben wollen. Je höher dieser Betrag ist, desto öfter erscheint Ihre Anzeige pro Tag. Die Anzeige selbst ist kostenlos. Erst wenn jemand sie anklickt, wird dafür ein Betrag von Ihrem Budget abgezogen. Wie hoch dieser ist, wird in der Starter-Edition automatisch festgelegt. Fortgeschrittene bestimmen den Preis per Klick selbst. Das Ganze funktioniert ähnlich wie bei einer Auktion: Je mehr Sie pro Klick zahlen, desto öfter und besser wird Ihre Anzeige platziert.

Tipp
Testen Sie verschiedene Varianten

Probieren Sie über zwei Monate hinweg zwei oder drei verschiedene Anzeigen-Varianten, um herauszufinden, welche davon Ihre potenziellen Kunden am wirksamsten anspricht.

So wird Ihre Akquise im Internet noch erfolgreicher

Mein erster Tipp klingt zwar banal, wird in der Praxis aber immer wieder missachtet: Wenn über Ihre Website Anfragen eingehen, müssen Sie diese sofort bearbeiten, möglichst noch am selben Tag. Unabhängig davon, ob Sie gerade sehr viel zu tun haben, geschäftlich unterwegs oder im Urlaub sind. Schalten Sie notfalls einen Büroservice oder einen Kooperationspartner als Urlaubsvertretung ein. Schicken Sie zumindest eine automatische Bestätigungs-E-Mail an den Absender, in der Sie um etwas Geduld bitten.

Allzu viel Zeit dürfen Sie allerdings auch dann nicht verstreichen lassen. Das Internet ist ein schnelles Medium. Wenn Sie hier erfolgreich sein wollen, müssen Sie ebenfalls schnell sein. Alles andere ist unprofessionell und vergrault potenzielle Kunden. Ich merke das immer wieder, wenn ich für meine journalistische Arbeit E-Mail-Anfragen stelle. Wer erst drei Tage oder eine Woche später antwortet, verliert seinen Platz in meinem Rechercheplan und hat damit eine Gelegenheit zur kostenlosen Selbstdarstellung verpasst. Darüber hinaus gibt es noch mehr, was Sie tun können, um überhaupt erst einmal Besucher auf Ihre Website zu locken.

Rühren Sie kräftig die Werbetrommel

Sorgen Sie dafür, dass Ihre Web-Adresse auf Briefpapier, Visitenkarten, Ausgangsrechnungen und sämtlichem Werbematerial zu finden ist. Auch Kleinanzeigen in gedruckten oder virtuellen Anzeigenblättern können für wenig Geld dazu beitragen, Ihre Website bekanntzumachen. Oft reicht dafür eine Zeile oder überhaupt nur der Abdruck Ihrer Web-Adresse, wenn sie aussagekräftig ist (beispielsweise www.mobile-fusspflege-neustadt.de) und/oder neugierig macht (etwa www.geheime-geldtipps.de). Selbst mit Handzetteln oder Plakaten können Sie Neugierige auf Ihre Site locken.

Bieten Sie immer wieder etwas Neues

Suchmaschinen interessieren sich immer dann für Websites, wenn sich auf ihnen etwas ändert. Regelmäßige Aktualisierungen verbessern daher Ihre Platzierung. Außerdem bieten sie neue Anreize für frühere Besucher, wieder einmal bei Ihnen vorbeizuschauen. Wer einmal auf Ihrer Website war und beim zweiten und dritten Mal feststellt, dass sich nichts verändert hat, wird kaum wiederkommen. Wenn Sie etwas Neues bieten, sollten Sie natürlich auch kräftig dafür werben, etwa in Ihrem E-Mail-Newsletter.

Blogs, Communitys und Co

Wenn Sie mehr Zeit für Ihre Internetpräsenz investieren wollen und können, kommt vielleicht auch ein Blog, ein öffentliches Internettagebuch, für Sie infrage. Was genau sich hinter einem Blog verbirgt und wie Sie selbst eines eröffnen können, erfahren sie unter www.jeder-ist-unternehmer.de/blogs. Daneben gibt es zahlreiche Internetforen, die themen- oder branchenspezifisch zugeschnitten sind und in denen Sie mit kompetenten Beiträgen als Experte in Erscheinung treten können. Wenn Sie häufiger mitdiskutieren und wertvolle Beiträge liefern, dann werden die anderen Teilnehmer und Mitleser früher oder später auf Sie aufmerksam. Einige werden sich über Sie informieren wollen und auf diesem Weg auf Ihre Website gelangen.

8. Setzen Sie auch auf Networking und Empfehlungen

Das ist sicher der angenehmste Akquise-Weg: Ihre Kunden und Geschäftspartner sind so begeistert von Ihnen, dass sie Sie und Ihre Leistungen an Freunde und Bekannte weiterempfehlen. Diese Art der Werbung ist besonders glaubwürdig und effektiv. Ganz von selbst kommt die Empfehlungstätigkeit aber nur selten in Gang. Auf den folgenden Seiten lesen Sie, was Sie dazu beitragen können, dass mehr Kunden über Empfehlungen den Weg zu Ihnen finden.

Es ist der Idealzustand, von dem alle Selbständigen träumen: Sie brauchen sich nicht mehr aktiv um Kunden zu bemühen, denn das erledigen Ihre Kunden für Sie. Regelmäßig klingelt das Telefon, und ein neuer Interessent meldet sich bei Ihnen. Er möchte Sie gern beauftragen, weil Sie ihm von einem Freund oder Kollegen so herzlich empfohlen wurden … Ja, das wäre schön!

Ganz unrealistisch ist dieser Wunschtraum nicht. Früher oder später gewinnen alle Selbständigen den einen oder anderen Neukunden über eine Empfehlung. Der Weg zum Kunden ist keine Einbahnstraße – so wie Sie nach guten Kunden suchen, suchen andere Menschen nach guten Anbietern. Zufriedene Kunden werden Ihren Namen gerne weitergeben, wenn sie von einer passenden Nachfrage erfahren. Am Ende sind nicht nur Sie für eine qualifizierte Empfehlung dankbar, sondern auch derjenige, dem Sie empfohlen werden.

Lassen Sie sich von Ihren Kunden empfehlen

Wie haben Sie Ihren Zahnarzt oder Urologen gefunden? Die besonders Mutigen oder Einsamen haben vielleicht im Telefonbuch geblättert und den nächstgelegenen Arzt aufgesucht. Für alle anderen wage ich eine Vermutung: Sie gehen entweder zu dem Arzt, zu dem Ihre ganze Familie immer schon gegangen ist. Oder Sie haben im Freundes- und Bekanntenkreis herumgefragt: „Sag mal, zu wem gehst Du eigentlich? Ist der gut?" und sind einer Empfehlung gefolgt.

Das ist sehr vernünftig. Wenn jemand, den Sie kennen und schätzen, eine Empfehlung ausspricht, ist es sehr wahrscheinlich, dass es sich um einen vertrauenswürdigen Anbieter mit guter Qualität handelt. Auch deswegen, weil Empfehlungen uneigennützig ausgesprochen werden. Wer sie abgibt, hat ja selbst nichts davon (außer vielleicht das gute Gefühl, Ihnen einen nützlichen Dienst erwiesen zu haben). Aus diesen beiden Gründen sind Empfehlungen durch Dritte wesentlich glaubwürdiger und daher wirksamer als alles, was Sie selbst an Akquise- und Werbemaßnahmen auf den Weg bringen können.

Wann Ihre Kunden Sie weiterempfehlen

Natürlich wird niemand Sie weiterempfehlen, wenn ihn Ihr Angebot und Ihre Leistung nicht zufriedengestellt haben. Dummerweise wird das wahrscheinlich auch niemand tun, der damit zufrieden ist. Zufriedene Kunden sind zwar gut, aber das ist hier mal wieder nicht gut genug. Von sich aus weiterempfehlen werden Ihre Kunden Sie nur dann, wenn sie mit Ihrem Angebot und Ihrer Leistung mehr als zufrieden, wenn sie geradezu begeistert sind. Wie leicht oder schwer es ist, Ihre Kunden zu überzeugen, hängt auch davon ab, mit welcher Zielgruppe Sie es zu tun haben und was Sie dieser bieten. Grundsätzlich gilt: Die wichtigste Voraussetzung für Kundenbegeisterung ist eine absolut überzeugende Leistung. Das heißt: Sie müssen

- allerhöchste Qualität zu angemessenen Preisen liefern,
- pünktlich und zuverlässig sein und
- sich im menschlichen Umgang als angenehm und kundenorientiert erweisen.

Je nach Leistung und Branche kommt diesen Merkmalen unterschiedlich große Bedeutung zu. Für die meisten meiner Verlagskunden beispielsweise ist es eigentlich egal, ob ich persönlich umgänglich bin oder nicht, solange ich gute Qualität liefere und alle Abgabetermine peinlich genau einhalte. Wenn ich nicht pünktlich liefere, kann es nämlich passieren, dass das fragliche Magazin nicht zum vorgesehenen Termin fertiggestellt werden kann oder im Extremfall sogar mit leeren Seiten ausgeliefert werden muss – der Albtraum eines jeden Redakteurs. Meinem Computer-Experten verzeihe ich dagegen seine chronische Unpünktlichkeit, weil er überaus kompetent und außerdem menschlich sehr angenehm ist. Wenn er nicht rechtzeitig erscheint, ist das zwar lästig, aber keine Katastrophe für mich.

Über die eigentliche Leistung hinaus sind es meist kleine Dinge, die Kunden begeistern, Dinge, die eigentlich nicht notwendig sind, die niemand erwartet – und die genau deswegen dazu beitragen, sich von der Masse der Anbieter abzuheben. Wie zum Beispiel das Kinderhotel, das zu jedem Kindergeburtstag eine Glückwunschkarte schreibt, der Fotograf, der seinen Kunden vor dem Shooting die kostenlosen oder preisgünstigen Dienste einer Visagistin anbietet, der Computer-Fachmann, der einen Kundenrechner auch mal übers Wochenende mitnimmt, damit er am Montagmorgen wieder betriebsbereit zur Verfügung steht.

Wie Sie Empfehlungen aktiv auslösen

Keine Frage, am schönsten ist es, wenn Ihre Kunden so begeistert von Ihnen sind, dass sie Ihnen von sich aus alle Freunde und Kollegen als Kunden schicken. Im Einzelfall wird eine solche Empfehlung auch immer wieder mal zu einem Auftrag führen. Wenn Sie ein bisschen nachhelfen, passiert das sogar öfter. Wie Sie das tun können? Indem Sie Ihre Kunden gezielt um Empfehlungen bitten.

Vornehme Zurückhaltung ist nicht angebracht, wenn es um Akquise geht. Sie können schließlich nicht erwarten, dass Ihre Kunden sich Ihren Kopf zerbrechen und aus eigenem Antrieb heraus überlegen, wen Sie wohl noch als Kunden gewinnen könnten. Aber wenn Sie sie darum bitten, werden sie darüber nachdenken. Und wenn Ihre Kunden tatsächlich mit Ihnen zufrieden bis begeistert sind, gibt es keinen Grund, warum sie Sie nicht weiterempfehlen sollten. Also: Bitten Sie um Empfehlungen.

Wenn Sie etwas subtiler vorgehen wollen, überreichen Sie Ihren Kunden einen Flyer und eine Visitenkarte, nachdem Sie einen Auftrag ausgeführt haben. Regen Sie an, dass sie sie eventuell an interessierte Geschäftspartner weitergeben. Bei Privatkunden hat sich folgendes Vorgehen bewährt: Sie schenken einem Kunden zwei Gutscheine. Einen, den er bei seinem nächsten Auftrag bei Ihnen einlösen kann, und einen, den er an einen Bekannten weiterschenken darf. Darüber freut sich Ihr Kunde doppelt und Sie auch: Dem Kunden nutzt der Gutschein direkt (und erhöht die Wahrscheinlichkeit für einen Folgeauftrag), mit dem zweiten Exemplar macht er einem Bekannten eine Freude (und Sie gewinnen mit großer Wahrscheinlichkeit einen Neukunden).

Bedanken Sie sich für jede Empfehlung

Wenn jemand Sie empfohlen und Ihnen damit einen neuen Kunden beschert hat, sollten Sie sich beim Empfehler bedanken. Er hat Ihnen einen großen Gefallen getan, und dafür hat er wenigstens ein Dankeschön verdient. Das wird in der Praxis häufig vergessen und unter Umständen übel vermerkt.

Sie können Ihren Dank persönlich oder telefonisch aussprechen, besonders wertschätzend wirkt ein (handschriftliches) Dankschreiben. Hier bietet sich zudem eine schöne Gelegenheit, um eine ohnehin schon gute Kundenbeziehung zu vertiefen. War die Empfehlung sehr wertvoll für Sie, sollten Sie darüber nachdenken, zusätzlich ein kleines Geschenk zu übergeben. Ein hübscher Blumenstrauß oder ein paar feine Pralinen erfreuen eigentlich jeden.

Warum Networking die Akquise ankurbelt

Empfehlungen können im Prinzip nicht nur von Kunden, sondern von allen Menschen ausgesprochen werden, die Sie kennen und die wissen, was Sie tun. Und sogar von welchen, die Sie nicht kennen, die aber schon von Ihnen gehört haben. Je mehr Menschen Sie kennen und je mehr eine gute Meinung von Ihnen haben, desto größer ist die Anzahl der potenziellen Empfehler. Unter anderem darum geht es beim Networken: viele qualitativ gute Kontakte aufzubauen und im Bedarfsfall auch auf Kontakte dieser Kontakte zugreifen zu können.

Praxisbeispiel

Ich schreibe ab und zu Lektionen für schriftliche Lehrgänge eines Seminaranbieters. Neulich meldete sich eine Produktmanagerin dieses Unternehmens bei mir, die einen neuen Lehrgang auflegen wollte und dafür einen fachlichen Leiter suchte. Sie hatte keine geeignete Person gefunden und fragte nun unter den Autoren herum, ob jemand jemanden wüsste. Mir fiel einer meiner Kontakte ein, eine Trainerin, die ich bei einer Recherche kennengelernt hatte und mit der ich einmal über eine Idee zu einem gemeinsamen Buchprojekt gesprochen hatte.

Am Ende waren drei Personen glücklich: die Produktmanagerin, weil sie eine topqualifizierte fachliche Leiterin gefunden hatte; die Trainerin, weil sie ein interessantes neues Projekt und einen neuen Kunden bekam; und ich, weil ich beiden einen Gefallen getan und mich im Dienst eines guten Kunden und einer potenziellen Geschäftspartnerin nützlich gemacht hatte. Und das alles nur, weil die Produktmanagerin die gute Idee gehabt hatte, die Kontakte ihrer Kontakte zu nutzen … genau so funktionieren Empfehlungen über Networking.

Was ist Networking?

Der Begriff „Netzwerk" klingt zwar ein wenig technisch, besteht aber aus den wesentlichen Komponenten „Netz" und „werken". Es geht beim Networking darum, ein Beziehungsnetz aufzubauen, also Kontakte zu anderen Menschen herzustellen und zu pflegen. Das tun wir alle im Privatbereich ganz automatisch, wenn wir Freundschaften schließen, die neuen Nachbarn kennenlernen oder in einen Verein eintreten. Das Ergebnis ist Ihr privates Netzwerk. Beim beruflichen Netzwerk liegt mehr Betonung auf dem „Werken": Sie knüpfen diese Beziehungen aktiv, bewusst und zielgerichtet und erzeugen so Ihr individuelles geschäftliches Netzwerk. Der Unterschied liegt also vor allem darin, dass Sie das eine Netzwerk ganz automatisch, das andere bewusst knüpfen.

Die Grenzen zwischen den beiden Bereichen können durchaus fließend sein. Durch private Kontakte ergeben sich manchmal Aufträge und damit Kundenbeziehungen. Umgekehrt entwickeln sich aus rein geschäftlichen Kontakten auch schon mal echte Freundschaften. Ich selbst habe zwei gute Freundinnen, die ich als Geschäftspartnerinnen kennengelernt habe. Meiner Erfahrung nach lassen sich Geschäfts- und Privatsphäre für einen Selbständigen ohnehin nicht so scharf trennen, und es ist schön, wenn man mit Freunden auch übers Geschäft reden oder sogar gemeinsame Projekte starten kann.

Wie Sie ein geschäftliches Netzwerk aufbauen

Wenn Sie am liebsten in Ruhe allein in Ihrem Büro arbeiten, nicht gern mit Menschen zu tun haben und Gespräche, die nicht direkt mit Ihrer Arbeit in Zusammenhang stehen, für Zeitverschwendung halten, werden Sie am Netzwerken nicht viel Freude haben. Dann sollten Sie allerdings generell überlegen, ob die Selbständigkeit für Sie das Richtige ist, denn, wie ich schon öfter erwähnt habe, sind Kunden schließlich auch Menschen. Sind Sie dagegen kontaktfreudig und an Gesprächen und gegenseitigem Informationsaustausch interessiert, wird Ihnen das Netzwerken ganz bestimmt nicht schwerfallen.

Im Gespräch

Monica Theil ist seit 2004 selbständig und bietet Dienstleistungen rund um Text und Event-Organisation an. Ihre Kunden gewinnt sie zum überwiegenden Teil über Networking.

Wie sind Sie auf Networking als Akquise-Strategie gekommen?
Es liegt mir einfach: Ich bin schon von meinem Naturell her eine Networkerin, die einen großen Familien-, Freundes- und Bekanntenkreis pflegt. Da lag es nahe, diese Kontakte auch beruflich zu nutzen.

Wie haben Sie Ihr berufliches Netzwerk aufgebaut?
Zu Beginn meiner Selbständigkeit bin ich auf mehrere Veranstaltungen gegangen, vom Existenzgründerseminar bis zu unterschiedlichsten Businesstreffen wie Visitenkartenpartys. Eine solche Party und diverse Netzwerktreffen habe ich selbst in München organisiert. Damals habe ich mir als Ziel gesetzt, pro Veranstaltung mindestens drei Leute anzusprechen, was ich auch getan habe. Ich habe eine Menge interessanter Menschen kennengelernt und viele neue Kontakte geknüpft. Heute nutze ich natürlich auch das Internet zum Netzwerken, etwa XING.

Was raten Sie einem Networking-Anfänger, der Kontakte auf Veranstaltungen knüpfen will?
Auf jeden Fall müssen Sie immer Visitenkarten dabeihaben. Und dann gehen Sie einfach auf die Leute zu und sprechen sie an. Meistens gibt es eine Vorstellungsrunde, die schon mal zeigt, wer als Kontakt interessant sein könnte. Aber ich schaue auch immer, ob die Chemie stimmt, ob mir jemand sympathisch ist. Sie sollten nicht mit der Erwartung zu einer Veranstaltung gehen, sofort einen großen Auftrag an Land zu ziehen, sondern sich wirklich auf die Kontakte konzentrieren. Die Aufträge ergeben sich dann oft über Empfehlung.

Wie viel Zeit investieren Sie ins Networking?
Am Anfang meiner Selbständigkeit war es natürlich mehr, da war ich allein bei XING zwei Stunden am Tag aktiv und bin oft auf Veranstaltungen gegangen. Heute verfüge ich über ein großes Netzwerk und investiere mehr Zeit in die Kontaktpflege – via E-Mail, Telefon und persönliche Treffen, je nachdem, wie viel Zeit mir meine Auftragslage lässt.

Gibt es ein spezielles Netzwerk, das für Sie besonders nützlich war?
Nein. Für mich ist es die Summe aus vielen kleinen Netzwerken, die den Akquise-Erfolg ausmacht.

Halten wir also fest: Wenn Sie Ihr geschäftliches Netzwerk aufbauen wollen, sollten Sie zunächst

- viele Veranstaltungen besuchen, zum Beispiel Existenzgründertreffen, Seminare, Kongresse oder Messen,

- dort selbständig auf andere Teilnehmer zugehen und mit ihnen ein Gespräch beginnen,

- Visitenkarten mit denjenigen austauschen, mit denen Sie in Kontakt bleiben möchten, und

- die Beziehung dann auch pflegen.

Knüpfen Sie Kontakte bewusst, aber nicht zwanghaft

Beim Netzwerken gilt es, die Balance zwischen netter Unterhaltung und geschäftlichem Interesse zu wahren. Anlässlich von Veranstaltungen gezielt Leute „abzugrasen", die als Kunden infrage kommen, und ihnen den eigenen Elevator Pitch nebst Visitenkarte und einem konkreten Leistungsangebot aufzudrängen, ist hingegen aggressive Werbung. Ein solches Vorgehen wird bei den meisten Gesprächspartnern schlecht ankommen. Es bringt auch nichts, exzessiv Visitenkarten von Leuten einzusammeln, an deren Gesicht Sie sich später nicht einmal mehr erinnern können, geschweige denn an ein Gespräch. Andererseits werden Sie von Networking-Veranstaltungen nicht profitieren, wenn Sie die ganze Zeit über schweigend in einer

Ecke stehen, sich hinter Ihrem Handy verstecken oder sich ausschließlich in ein Gespräch mit einem Bekannten versenken. Andere Leute anzusprechen und sich vorzustellen ist nicht unhöflich oder aufdringlich, sondern das Ziel solcher Veranstaltungen – die anderen gehen schließlich aus denselben Gründen hin wie Sie.

Ich empfehle Ihnen, dem Rat von Christa Fellner und Monica Theil zu folgen: Wenden Sie sich an die Menschen, die Ihnen sympathisch sind. Sie brauchen übrigens nicht immer nur übers Geschäft zu reden, Sie können sich genauso gut über Ihre Kinder, den letzten Urlaub oder Ihr Faible für die Formel 1 unterhalten. Beginnen Sie einfach mit leichtem Smalltalk, Sie sehen dann schon, wohin sich das Gespräch entwickelt. Wenn Sie es direkter mögen, können Sie auch mit Ihrer Kurzvorstellung beginnen und dann Ihr Gegenüber fragen, was sie oder er beruflich macht. Offene Fragen zu stellen (wie auf Seite 109f. im Kapitel zur Telefonakquise dargestellt) ist der einfachste Weg, ein Gespräch in Gang zu bringen und zu halten. Hören Sie zu und zeigen Sie Interesse an dem, was Ihr Gesprächspartner zu sagen hat. Sicher stoßen Sie auf Anknüpfungspunkte, zu denen Sie eigene Erfahrungen einbringen können. Wenn es Sie beim besten Willen nicht interessiert, was der andere mitteilen will, oder einfach kein vernünftiges Gespräch zustande kommt, dann verabschieden Sie sich höflich und nehmen Kontakt mit einem anderen Teilnehmer auf.

Aktivieren Sie ruhende Kontakte

Normalerweise müssen Sie Ihr Netzwerk nicht aus dem Nichts heraus aufbauen. Sie haben eine Ausbildung gemacht, studiert, gearbeitet. Dabei haben Sie bereits viele Menschen im beruflichen Zusammenhang kennengelernt. Mit manchen haben Sie vielleicht noch Kontakt, die Mehrzahl aber vermutlich aus den Augen verloren. Einige dieser ehemaligen Bekannten könnten sicher wertvolle Kontakte in Ihrem Netzwerk sein. Erstellen Sie dazu eine Liste dieser Schul-, Ausbildungs-, Studien- und sonstigen Kollegen, die Ihnen in Erinnerung geblieben sind.

Ruhende Kontakte können Sie wiederbeleben unter dem Motto: „Wir haben schon so lange nichts mehr voneinander gehört, da wollte ich mich einfach mal melden." Dieses Prinzip erklärt einen guten Teil des Erfolgs, den Internet-Netzwerke wie studiVZ oder XING haben. Viele Kontakte, die hier (wieder) geknüpft werden, beginnen mit Nachrichten wie: „Ach, du bist auch hier? Schön, dich nach so langer Zeit zu treffen!"

Wie Sie Ihr Netzwerk pflegen

Sie wollen ein geschäftliches Netzwerk aufbauen, um Ihre beruflichen Ziele zu erreichen? Dann müssen Sie erst einmal Zeit und Aufmerksamkeit investieren, denn ein Netzwerk besteht aus menschlichen Beziehungen, die nur gedeihen können, wenn sie gut gepflegt werden. Leute kennenzulernen und Visitenkarten zu sammeln ist nur der erste Schritt. Danach müssen Sie – genau wie bei einer Kundenbeziehung – erneut Kontakt zu den Menschen herstellen, die Sie gern in Ihrem Netzwerk hätten. Manchen werden Sie auf anderen Veranstaltungen wieder begegnen, andere müssen Sie aktiv kontaktieren.

Nutzen Sie die verschiedenen Anlässe, die Sie sich anbieten, um sich bei jemandem zu melden. Vielleicht stoßen Sie im Internet auf einen interessanten Link oder eine Studie zu einem Thema, über das Sie sich mit einer bestimmten Person unterhalten haben. Schon haben Sie einen „Aufhänger" für eine E-Mail an sie. Sie erfahren von einer weiteren Veranstaltung? Dann könnten Sie Ihren Gesprächspartner vom letzten Treffen darauf aufmerksam machen oder sogar nachfragen, ob er auch kommt. Oder Sie rufen einen Kontakt an, weil Sie einen Rat oder eine Meinung von ihm einholen wollen. Schreiben Sie mal eine Karte zu Weihnachten oder zum Geburtstag. Wenn auf diese Weise ein paar angenehme E-Mail- oder Telefonkontakte zustande gekommen sind, können Sie im nächsten Schritt vorschlagen, sich auf eine Tasse Kaffee zu treffen.

Am besten tragen Sie auch Ihre Netzwerk-Aktivitäten in Ihren Terminkalender ein – zum Beispiel zweimal wöchentlich eine Verabredung – und verleihen ihnen damit dieselbe Bedeutung wie anderen Geschäftsterminen. Wenn Sie ein Plausch zwischendurch bei einer Tasse Kaffee zu sehr aus dem Arbeitsrhythmus bringt, können Sie sich auch zum Mittagessen oder zum Frühstücken verabreden. Essen werden Sie zu diesen Zeiten sowieso, dann können Sie es ebenso in Gesellschaft tun und dabei Ihre Kontakte pflegen.

Erwarten Sie nicht zu viel

Wenn Sie sich bewusst für Networking als Akquise-Strategie entschieden haben, ist die Gefahr groß, dass Sie mit zu hohen Erwartungen an die Sache herangehen. Sie waren nun schon auf x Veranstaltungen, haben jede Menge Leute angesprochen, Visitenkarten gesammelt, hinterhertelefoniert. Wann kommt denn endlich der erste Auftrag? So klappt das sicher nicht. Es klingt zwar paradox, aber ich weiß aus eigener Erfahrung, dass Netzwerken am besten funktioniert, wenn Sie es ohne Erwartungshaltung betreiben. Sammeln Sie angenehme Begegnungen und interessante Gespräche, das stellt an sich schon einen Nutzen dar. Ich habe es immer als ein besonderes Privileg empfunden, aufgrund meiner beruflichen Tätigkeit so viele verschiedene Menschen aus den unterschiedlichsten Gegenden, Branchen und Tätigkeitsgebieten kennenzulernen und so viele bereichernde Gespräche führen zu dürfen. Der konkrete Netzwerknutzen hat sich eigentlich immer als Nebeneffekt ergeben.

Praxisbeispiel

Vor ein paar Jahren habe ich auf einem Kongress für Sekretärinnen einen Workshop gehalten. Dazu gehörte eine Abendveranstaltung, bei der alle Referenten des Tages am selben Tisch saßen. Es ergab sich ein lebhaftes Gespräch über die einzelnen Kurse und wie sie gelaufen waren, dann über das Programm der Abendveranstaltung, die Kleiderwahl für diesen Abend (es waren vorwiegend Referentinnen) und darüber, was unsere Kinder zu den aufgestylten Mamas gesagt hatten. Kurz: Wir plauderten ganz absichtslos über dies und das. Ein gutes Jahr später rief mich meine Tischnachbarin von damals an, weil einer ihrer Kunden, ein Seminarveranstalter, einen BWL-Dozenten suchte. Sie hatte sich an den netten Abend erinnert und ihr war eingefallen, dass ich den BWL-Workshop gehalten hatte. Für den Seminaranbieter arbeite ich heute noch.

Schrauben Sie Ihre Erwartungen herunter und geben Sie den Beziehungen eine Chance zum Wachsen und Gedeihen. Erste geschäftlich verwertbare Früchte Ihrer Netzwerkpflege werden sich frühestens nach ein paar Monaten einstellen.

Netzwerken heißt Geben und Nehmen

Ein Netzwerk ist keine Akquise-Plattform und kein Verbund kostenloser Lieferanten und Dienstleister. Wohl jeder kennt Menschen, die Kontakte instrumentalisieren, einem dauernd etwas verkaufen oder ständig kostenlose Gefälligkeiten einfordern wollen. Diese Menschen sind unbeliebt, und das zu Recht. Denn Beziehungen leben auch in einem geschäftlichen Netzwerk vom Geben und Nehmen. Sie geben Zeit, Aufmerksamkeit und Gefälligkeiten. Und Sie bekommen Zeit, Aufmerksamkeit und Gefälligkeiten.

Achten Sie darauf, dass Geben und Nehmen ungefähr im Gleichgewicht sind. Wenn einer nur gibt und ein anderer nur nimmt, stimmt etwas nicht. Das heißt nicht, dass Sie genau Buch führen und alles Geben und Nehmen gegeneinander aufrechnen sollen. Am besten sind Sie selbst großzügig mit Unterstützung, Rat und Empfehlungen. Dann können Sie darauf zählen, dass Ihre Kontakte auch gern etwas für Sie tun.

Wenn Sie einen Netzwerkpartner gezielt um einen Gefallen bitten, sollten Sie darauf achten, dass die Größenordnung zur Qualität Ihrer Beziehung passt. „Wissen Sie zufällig jemanden, der mir bei XY helfen könnte?" ist eine Frage, die Sie immer stellen können. Auch Meinungen und Rat können Sie einholen, Ideen diskutieren oder um Anregungen bitten. Vorsichtig sollten Sie aber sein, wenn Sie das Fachwissen eines anderen ausgiebiger in Anspruch nehmen wollen. Schließlich leben auch Ihre Netzwerkpartner von dem, was sie mit ihrem Know-how und ihrer Arbeit verdienen. Sie können einem Rechtsanwalt schon mal eine Frage zu einer Vertragsklausel stellen oder einen Texter bitten, sich Ihren Werbebrief anzuschauen. Wenn Sie aber einen ganzen Vertragsentwurf brauchen oder den Werbebrief komplett neu schreiben lassen wollen, sollten Sie zumindest anbieten, dafür zu bezahlen. Will jemand Ihr Know-how über den Rahmen einer Gefälligkeit hinaus nutzen, verlangen Sie ebenfalls freundlich, aber bestimmt ein Honorar für Ihre Leistung. Sie können ja immer noch einen speziellen Netzwerkrabatt gewähren.

Nutzen Sie auch formelle Netzwerke

Als Ergänzung und Erweiterung zu Ihrem informellen Netzwerk können Sie auch bereits etablierte, formelle Netzwerke nutzen. Diese sind in den unterschiedlichsten Varianten vorhanden: Zum Beispiel gibt es die traditionsreichen Netzwerke mit exklusivem Charakter wie die Rotary oder Lions Clubs. Dort können Sie nur eintreten, wenn ein bereits etabliertes Mitglied Sie vorschlägt und die anderen Mitglieder zustimmen. Andere Netzwerke nehmen zwar Mitglieder auf, die sich selbst bewerben, aber nur, wenn sie bestimmte Voraussetzungen erfüllen. Nach diesem Schema arbeiten beispielsweise Berufs- und Branchenverbände, Alumni-Vereinigungen oder Frauennetzwerke. Wieder andere Netzwerke stehen ausdrücklich jedem Interessenten offen.

Einige Netzwerke wurden sogar offiziell mit dem Ziel gegründet, Geschäftskontakte der Mitglieder untereinander anzubahnen und zu för-

dern. Meist trifft man sich ein- oder zweimal im Monat zu einem Früh-
stück oder Mittagessen. Probieren Sie doch einmal aus, ob das nicht etwas
für Sie ist. Suchen Sie im Internet nach den Begriffen „Empfehlungs-
club" oder „Lunchclub" und nehmen Sie Ihre Stadt oder Region hinzu, um
herauszufinden, ob und wo in Ihrer Nähe ein solches Empfehlungsnetz-
werk besteht.

Gut zu Wissen

Es gibt zahlreiche Netzwerke nur für Frauen

Frauen haben schon immer Networking betrieben, wir sind einfach das kommu-
nikativere Geschlecht. Zunächst fand die gegenseitige Unterstützung und Förde-
rung eher im privaten Bereich statt, berufliche Netzwerke und Businessclubs gal-
ten lange Zeit als Domäne der Männer. Heute ist das anders, es gibt eine ganze
Reihe von Frauen-Netzwerken. Wenn Sie speziell an diesen interessiert sind, informieren Sie sich im Internet unter www.jeder-ist-unternehmer.de/frauennetzwerke.

Networking im Internet

Auch das Internet bietet zahlreiche Gelegenheiten zum Networken. Sei es
über branchen- und themenspezifische Blogs oder spezielle Networking-
Plattformen. Das größte und zugleich wichtigste (virtuelle) deutschspra-
chige Business-Netzwerk ist XING. Hier füllen Sie als Neu-Mitglied eine
Profil-Seite aus, in der Sie unter anderem angeben, welche Leistungen Sie
bieten und nach welchen Sie suchen. Premium-Mitglieder können gezielt
Personen recherchieren, die genau die Leistungen suchen, die sie bieten.

Tipp
Knüpfen Sie gezielt Kontakte

In jedem Netzwerk, sei es nun real oder virtuell, gibt es auch Mitglieder, die wahllos Kontakte sammeln und praktisch jedes Neumitglied ansprechen. Vermeiden
Sie es, im virtuellen Netzwerk solcher „Kontaktjunkies" aufzutauchen, denn das
kann einen falschen Eindruck bei anderen Mitgliedern hinterlassen.

Vielversprechend hingegen ist die Teilnahme an einer der zahlreichen branchen- und themenspezifischen Gruppen bei XING, die von Moderatoren geleitet werden. Hier können Mitglieder sich anderen vorstellen, miteinander Ideen diskutieren, Erfahrungen austauschen und sich gegenseitig um Rat fragen. Aktive Diskussionsteilnehmer machen sich den zahlreichen Mitlesern schnell bekannt. Eine große Gruppe ist zum Beispiel der Freiberufler-Projektmarkt, in dem vor allem IT- und Medien-Projekte gesucht und ausgeschrieben werden.

Mein Fazit: Als Selbständiger kommen Sie an XING nicht vorbei, da die Mitgliedschaft inzwischen beinahe ein Muss ist. Wenn Sie bereit sind, einige Stunden wöchentlich zu investieren, mitzudiskutieren und potenzielle Kunden anzuschreiben, können Sie über XING wertvolle Kontakte und Aufträge akquirieren.

Ein Wort zum Schluss

Ich freue mich, dass Sie mein Buch gelesen haben, und hoffe, dass Sie die Lektüre ebenso nützlich wie unterhaltsam gefunden haben. Mein Ziel ist erreicht, wenn Sie zukünftig mit mehr Präzision, Selbstbewusstsein und Freude an die Akquise herangehen und leichter Wege zu neuen Kunden finden.

Falls Sie Fragen zum Buch haben oder Kritik anbringen möchten, schicken Sie mir einfach eine E-Mail an info@kettl-roemer.de. Ich werde mich bemühen, schnell zu antworten. Und wenn Ihnen das Buch gefallen hat, lautet meine Bitte: Empfehlen Sie es weiter!

Sie wollen mehr über die Personen erfahren, die ich für dieses Buch interviewt und darin zitiert habe? Dann schauen Sie ins Internet unter www.jeder-ist-unternehmer.de/wege_beispiele.

Stichwort-verzeichnis